新型农民现代农业技术与技能培训丛书

食用菌保鲜加工员培训教材

吕作舟 编著

金盾出版社

内 容 提 要

本书是新型农民现代农业技术与技能培训丛书的一个分册,内容包括:食用菌保鲜加工员岗位职责和素质要求,食用菌贮藏保鲜与加工特性,食用菌贮藏保鲜原理,食用菌采收包装和运输,食用菌贮藏保鲜技术,食用菌盐渍与蜜饯加工技术,食用菌干制加工技术,食用菌罐藏技术,食用菌速冻加工技术,食用菌深加工技术。文字通俗易懂,技术先进实用,可操作性强。适合作为新技术培训和广大农民自学读本。

图书在版编目(CIP)数据

食用菌保鲜加工员培训教材/吕作舟编著.—北京:金盾出版社,2008.3
(新型农民现代农业技术与技能培训丛书)
ISBN 978-7-5082-4960-5

Ⅰ.食… Ⅱ.吕… Ⅲ.①食用菌类-保鲜-技术培训-教材②食用菌类-加工-技术培训-教材 Ⅳ.S646.09

中国版本图书馆 CIP 数据核字(2008)第 002183 号

金盾出版社出版、总发行
北京太平路 5 号(地铁万寿路站往南)
邮政编码:100036 电话:68214039 83219215
传真:68276683 网址:www.jdcbs.cn
封面印刷:北京百花彩印有限公司
正文印刷:北京兴华印刷厂
装订:双峰装订厂
各地新华书店经销
开本:850×1168 1/32 印张:4.25 字数:100 千字
2008 年 3 月第 1 版第 1 次印刷
印数:1—10000 册 定价:8.00 元

(凡购买金盾出版社的图书,如有缺页、倒页、脱页者,本社发行部负责调换)

新型农民现代技术与技能培训丛书编委会

主 任

唐运新　谭祜德

委 员

（按姓氏笔画排列）

王清兰	邓望喜	史德宽	任克良
刘　新	孙双全	李　钦	李合生
李治民	李泽炳	李晓军	沈火林
张　建	张元恩	陈国平	陈章久
陈黎红	肖发沂	郑世发	施森宝
黄明双	曹克驹	曹尚银	彭中镇

序　言

中共中央国务院[2007]1号文件明确指出,加强"三农"工作,积极发展现代农业,扎实推进社会主义新农村建设,是全面落实科学发展观、构建社会主义和谐社会的必然要求,是加快社会主义现代化建设的重大任务。

我国农业人口众多,发展现代农业、建设社会主义新农村,是一项伟大而艰巨的综合工程,不仅需要深化农村综合改革、加快建立投入保障机制、加强农业基础建设、加大科技支撑力度、健全现代农业产业体系和农村市场体系,而且必须注重培养新型农民,造就建设现代农业的人才队伍。

胡锦涛总书记在党的十七大报告中进一步指出,要培育有文化、懂技术、会经营的新型农民,发挥亿万农民建设新农村的主体作用。

新型农民是一支数以亿计的现代农业劳动大军,这支队伍的建立和壮大,只靠学校培养是远远不够的,主要应通过对广大青壮年农民进行现代农业技术与技能的培训来实现。金盾出版社在对农业岗位培训进行广泛调研的基础上,与中国农业大学老科技工作者协会、华中农业大学老教授协会等单位共同策划,约请数百名农业专家、学者参加,组织编写了"新型农民现代农业技术与技能培训丛书"(以下简称"丛书")。"丛书"坚持以现阶段我国青壮年农民的文化技术水平出发,突出现代农业技术与技能的传授,注重其先进性和实用性;"丛书"以教材形式编写,共有88个分册,涉及81个农业岗位,除水稻农艺工、蔬菜园艺工、蔬菜植保员、果树植保员分南方本和北方本外,其他均为一个岗位一本培训教材,以方便县(市)、乡(镇)、村组织新型农民培训和农业企业进行岗位培训时选用。"丛书"的组编和出版,还得到了河北农业大学、沈阳农业大学、西北农林科技大学、甘肃农业大学、北京农学院、山东畜牧兽医职业技术学院、大连民族学院、中国农业科学院茶叶研究所、中国农业科学院油料研究所、中国农业科学院郑州果树研究所、中国农业科学院特产研究所、中国农业科学院桑蚕研究所、中国养蜂学会、内蒙古自治区农牧科学院、甘肃省蔬菜研究所、山东省果树研究所、广西壮族自治区柑桔研究所、山西省畜牧兽医研究所等单位部分专家、教授的支持和参与,并列入劳动和社会保障部《全国职业培训与技能鉴定用书目录》,进行推荐,使我们深感欣慰,在此表示衷心感谢。我们希望和相信,通过"丛书"的出版发行,能为新型农民队伍的发展壮大贡献一份力量,也能为现代农业技术与技能培训积累一些可供借鉴的经验。

"丛书"编写时间有限,各分册存在不足或错漏在所难免,恳请同仁和各使用单位批评指正。

编委会

2008年1月

前　言

食用菌是一种味道鲜美、口感脆嫩、营养丰富并兼具食疗价值的天然食品。有鉴于此,联合国提出 21 世纪人类最合理的膳食结构是"一荤、一素、一菇"。正是由于食用菌的营养价值日益受到重视,人们对食用菌的消费兴趣日益增长,才造就了食用菌产业蒸蒸日上的态势。食用菌栽培是现代生态农业的一个组成部分。人们已认识到,包括食(药)用菌在内的"菌物界",其降解并吸收有机物的能力强,生长发育的速度快,在物质转化中有很大的优势。因此,菌物生产、植物生产和动物生产形成了三足鼎立之势,而且菌物生产在三者中起着综合利用的纽带作用。因此,在农业生态系统中是深受人们重视的一环。

我国是世界上最早认识、利用和栽培食用菌的国家,对食用菌的栽培具有悠久的历史,也积累了丰富的宝贵的经验,并在食用菌的教学、科研和生产上取得了令人瞩目的成就。

改革开放以来,我国人民的生活水平显著提高。近年来,我国各级政府和各新闻媒体,顺应人们在解决温饱之后对健康的进一步要求,日益注重菌类饮食文化(菌食文化)的宣传,注重国内消费市场的培育与开拓。实际上,我国既是食用菌生产大国、出口大国,也是食用菌消费大国。到 2002 年,我国年人均消费食用菌已达到 6 000 克(鲜重)。国内、外食用菌市场的拓展,为我国食用菌产业可持续发展提供了保障。实现食用菌产业可持续发展的目标,除了充分利用我国丰富的菌种资源、气象资源、秸秆资源、劳力资源,将世界食用菌先进技术和我国食用菌生产与营销实践相结合,规模化生产国内、外市场广泛欢迎的食用菌品种之外,全面提高从业人员素质和业务技术水平亦是十分重要的。

对于食用菌保鲜加工员而言,必须不断加强学习,不断提高认识。熟悉食用菌保鲜加工机械设备的使用与管理,能够熟练进行原料菇的验收、预处理及食用菌保鲜与加工等项工作。努力争当一名合格称职的食用菌保鲜加工员。

2007年春天,金盾出版社邀请笔者编写《食用菌保鲜加工员培训教材》,要求以我国南方的情况为主,兼顾北方地区。在编写过程中,考虑到此教材为应用科学和实用技术读物,力求语言通俗易懂,简洁明快,适用性强。多写实用技术,少写机制原理;多写当代新技术,少写历史演进。本书着重介绍了食用菌贮藏保鲜与加工特性,食用菌贮藏保鲜原理,食用菌采收包装和运输,食用菌贮藏保鲜技术,食用菌盐渍与蜜饯加工技术,食用菌干制加工技术,食用菌罐藏技术,食用菌速冻加工技术,食用菌深加工技术,及其相关的基础知识和基本技能。希望能够给食用菌保鲜加工员,给基层的食用菌从业人员,特别是给新、老菇民提供帮助。

限于时间和水平,文中错漏之处一定不少,恳请广大读者不吝批评指正。

编著者
2007年5月

目 录

第一章　食用菌保鲜加工员岗位职责和素质要求 …………(1)
　一、岗位职责 ……………………………………………………(1)
　二、素质要求 ……………………………………………………(1)
　　(一)思想素质 …………………………………………………(1)
　　(二)业务技术素质 ……………………………………………(2)

第二章　食用菌贮藏保鲜与加工特性 …………………………(3)
　一、形态特征及其保鲜与加工特性 ……………………………(3)
　　(一)菌盖、菌肉与成熟度 ……………………………………(3)
　　(二)菌褶或菌管 ………………………………………………(5)
　　(三)菌柄、菌环、菌托 ………………………………………(5)
　二、化学成分及其保鲜与加工特性 ……………………………(6)
　　(一)水分 ………………………………………………………(7)
　　(二)干物质 ……………………………………………………(7)

第三章　食用菌贮藏保鲜原理 …………………………………(11)
　一、采后呼吸作用 ………………………………………………(11)
　　(一)呼吸作用与食用菌贮藏的关系 …………………………(11)
　　(二)影响食用菌呼吸作用的因素 ……………………………(12)
　二、蒸腾与结露 …………………………………………………(15)
　　(一)蒸腾作用对贮藏的影响 …………………………………(15)
　　(二)影响蒸腾作用的因素 ……………………………………(16)
　　(三)结露及其预防 ……………………………………………(17)
　三、采后生理生化变化 …………………………………………(18)
　　(一)后熟作用 …………………………………………………(18)
　　(二)酶活性的变化 ……………………………………………(19)

· 1 ·

(三)糖的变化 …………………………………………… (20)
　　(四)蛋白质与氨基酸的变化 …………………………… (21)
　　(五)脂类的变化 ………………………………………… (21)
　　(六)水分的变化 ………………………………………… (21)
第四章　食用菌采收包装和运输 …………………………… (22)
　一、采收分级与包装 ………………………………………… (22)
　　(一)采收标准和采收方法 ……………………………… (22)
　　(二)分级与包装 ………………………………………… (26)
　二、运输 ……………………………………………………… (29)
　　(一)安全运输与贮藏保鲜的关系 ……………………… (29)
　　(二)运输设备及技术要求 ……………………………… (30)
第五章　食用菌贮藏保鲜技术 ……………………………… (32)
　一、冷藏保鲜技术 …………………………………………… (32)
　　(一)双孢蘑菇冷藏保鲜技术 …………………………… (32)
　　(二)香菇冷藏保鲜技术 ………………………………… (32)
　　(三)草菇冷藏保鲜技术 ………………………………… (33)
　二、低温气调贮藏保鲜技术 ………………………………… (34)
　　(一)气调贮藏(CA) ……………………………………… (34)
　　(二)MA 贮藏 …………………………………………… (34)
　三、其他保鲜技术 …………………………………………… (35)
　　(一)辐射处理 …………………………………………… (35)
　　(二)减压贮藏 …………………………………………… (35)
　　(三)化学药品或植物生长调节剂处理 ………………… (36)
第六章　食用菌盐渍与蜜饯加工技术 ……………………… (38)
　一、盐渍与蜜饯加工原理 …………………………………… (38)
　　(一)盐渍原理 …………………………………………… (38)
　　(二)糖渍原理 …………………………………………… (39)
　二、盐渍加工技术 …………………………………………… (39)

目　录

　　（一）盐液的准备 …………………………………………（39）
　　（二）盐渍工艺 ……………………………………………（41）
　　（三）盐渍加工实例 ………………………………………（43）
　　（四）盐渍过程中腐败变质原因及防止措施 ……………（49）
　三、蜜饯加工技术 ……………………………………………（50）
　　（一）蜜饯生产工艺 ………………………………………（50）
　　（二）蜜饯加工实例 ………………………………………（52）

第七章　食用菌干制加工技术 ………………………………（59）
　一、干制原理 …………………………………………………（59）
　二、干制技术 …………………………………………………（59）
　　（一）菌类选择 ……………………………………………（59）
　　（二）菌类预处理 …………………………………………（60）
　　（三）干制技术要点 ………………………………………（61）
　　（四）干菇贮藏方法 ………………………………………（62）
　　（五）干制加工实例 ………………………………………（62）

第八章　食用菌罐藏技术 ……………………………………（74）
　一、罐藏原理 …………………………………………………（74）
　二、罐藏技术 …………………………………………………（74）
　　（一）工艺流程 ……………………………………………（74）
　　（二）技术要点 ……………………………………………（75）
　　（三）罐藏加工实例 ………………………………………（85）
　　（四）罐头常见败坏现象及其原因 ………………………（98）

第九章　食用菌速冻加工技术 ………………………………（102）
　一、速冻加工原理 ……………………………………………（102）
　二、速冻加工技术 ……………………………………………（102）
　　（一）工艺流程 ……………………………………………（103）
　　（二）技术要点 ……………………………………………（103）
　三、个体冻结法及速冻设备简介 ……………………………（107）

（一）个体冻结法……………………………………（107）
　（二）速冻设备简介…………………………………（107）
第十章　食用菌深加工技术………………………………（109）
　一、食用菌深加工现状………………………………（109）
　二、食用菌深加工实例………………………………（111）
　（一）香菇松加工技术………………………………（111）
　（二）茯苓八珍糕加工技术…………………………（113）
　（三）灵芝银耳美白润肤霜加工技术………………（114）
　（四）香菇多糖注射液制备技术……………………（115）
主要参考文献………………………………………………（121）

第一章 食用菌保鲜加工员岗位职责和素质要求

一、岗位职责

食用菌保鲜加工员应能指导原料基地进行食用菌无害化栽培,熟悉食用菌保鲜加工机械设备的使用与管理,能够熟练进行原料菇的验收、预处理及食用菌保鲜与加工等项工作。

二、素质要求

作为一名合格的食用菌保鲜加工员,应具备扎实的基本理论知识、一定的法律基础知识、食用菌保鲜加工成本核算知识和安全生产知识。

(一) 思想素质

1. 安全生产知识 安全生产知识主要包括以下内容:实验室、菌种生产车间、栽培试验场、产品加工车间的安全操作知识;安全用电知识;防火、防爆安全知识;手动工具与机械设备的安全使用知识;化学药品的安全使用与贮藏知识。

2. 有关法律基础知识 食用菌保鲜加工员在掌握以上安全生产知识的同时,还应具备有关法律法规的基础知识。有关法律法规包括以下内容:《中华人民共和国商标法》、《中华人民共和国食品卫生法》、《中华人民共和国环境保护法》、《中华人民共和国劳动法》、《中华人民共和国票据法》、《中华人民共和国公司法》。

（二）业务技术素质

食用菌保鲜加工员应具备的业务技术素质主要包括食品科学基础知识、菌物学基础知识、基本技能和成本核算知识。

1. 食品科学基础知识 食用菌保鲜加工员应具备以下食品科学基础知识：食品微生物学；食品原料学；食品化学；食品分析；食品工艺学；食品工程学。

2. 菌物学基础知识 食用菌保鲜加工员应具备以下菌物学基础知识：普通真菌学；食用菌栽培学；食用菌的采后生理；食用菌贮藏保鲜原理；食用菌加工原理。

3. 食用菌保鲜加工员应掌握的基本技能 为了做好本职工作，食用菌保鲜加工员在掌握上述基础知识的同时，还应掌握以下基本技能：原料菇的验收与预处理；食用菌包装与运输；食用菌保鲜；食用菌加工；食用菌保鲜加工机械选型与操作。

4. 食（药）用菌业成本核算知识 为了不断提高食用菌产业的生产水平，在遵循无害化栽培的前提下，力求优质高效，食用菌保鲜加工员必须具有以下成本核算知识：食（药）用菌的成本概念；食（药）用菌干、鲜品的成本核算；食（药）用菌加工产品的成本核算；食用菌包装与运销的成本核算。

第二章 食用菌贮藏保鲜与加工特性

一、形态特征及其保鲜与加工特性

菌类的形态包括孢子、菌丝体、子实体等3种主要形式。孢子是微生物的有性繁殖单位,在适宜的条件下萌发成管状的丝状体,每根丝状体叫菌丝。生长在基质内的大量丝状物是菌类的营养体,称作菌丝体。子实体是从菌丝体上产生的,是产生有性孢子的繁殖结构。我们通常所说的食用菌,往往是专指食用菌的子实体。子实体的形态特征直接影响保鲜加工措施的实施与菌类贮藏保鲜或者加工的效果。绝大多数食用菌属于担子菌,其子实体像一把小伞,一般统称蘑菇,通常由菌盖、菌褶或菌管、菌柄、菌环、菌托等部分组成。

新鲜菇类营养丰富,含水量高,组织脆嫩。所以,鲜菇容易老化,容易破损,容易变色,容易腐烂变质。

新鲜菇类是活的有机体,采收后仍在进行呼吸作用。在存放期间,菇体的呼吸作用要消耗呼吸底物,同时释放呼吸热。这是食用菌贮藏保鲜期间发生失重(自然消耗)和变质过程的重要原因。

(一)菌盖、菌肉与成熟度

1. 菌盖与菌肉 菌盖是子实体的帽状部分。因食用菌种类不同,形状千姿百态,有的在幼时和成熟时也不一样。基本形状通常以成熟时为标准,常见有钟形或圆锥形、斗笠形、半球形、平展形、漏斗形、中凸形、中凹形、中脐形、花瓣形等。

菌盖皮层或角质层下面和菌柄内部的组织称为菌肉,一般由长形的菌丝细胞组成,有些种类如红菇属(Russula)有膨大的球形或卵圆形的细胞分散在长形的菌丝细胞之间。菌肉的颜色、厚薄、气味和菌丝形态多有差异。乳菇属(Lactarius)的一些种类受伤后流出乳汁又变蓝色。菌盖的形状、颜色、附属物、边缘特征等都是伞菌分类的重要依据(图1)。

图1 菌盖特征 (引自卯晓岚,2000)

1. 半球形 2. 斗笠形 3. 钟形 4. 扇形或近半圆形 5. 杯状 6. 平展
7. 卵圆形 8. 漏斗形 9. 表面光滑 10. 具毛状条纹 11. 具环纹
12. 具块状鳞片 13. 具角锥状鳞片 14. 被纤毛状丛生鳞片 15. 龟裂鳞片
16. 具短纤毛 17. 边缘开裂且内卷 18. 边缘波状 19. 边缘翻卷
20. 边缘有条棱

2. 成熟度 食用菌的成熟度有2种表示方法,即生物学成熟期与食用成熟期(商品成熟期)。食用菌的生物学成熟标准与商品上的成熟标准,在有些食用菌中是一致的,如香菇、金针菇、真姬菇、杨树菇和各种平菇；在有些食用菌中有较大的差别，如草菇、双孢蘑菇、姬松茸、鸡腿蘑、滑菇等。

(二)菌褶或菌管

菌褶或菌管是生长在菌盖下面的子实层体，少数(如牛肝菌、灵芝和灰树花等多孔菌)是管状的菌管，多数蘑菇为褶片状的菌褶。菌褶或菌管排列疏或密，等长或不等长，形状有网状、叉状，褶间具有横脉以及菌管呈放射状排列等。

菌褶边缘通常完整光滑，但有的呈波浪状、锯齿状、颗粒状等褶缘。菌褶与菌柄连接的方式有离生(如草菇、双孢蘑菇、鸡腿蘑)、直生(如真姬菇、滑菇)、延生(各种平菇)、弯生(如香菇、金针菇)等，这些性状也是伞菌分类的依据。

菌褶的内部组织叫菌髓，通常由长形的菌丝细胞组成。红菇属和乳菇属菌髓的长形菌丝细胞中还分布有大量的泡囊状细胞。菌髓中的菌丝排列方式因种不同，可分为规则型、交错型、正两侧型和反两侧型四种类型。

菌褶是子实体上最容易破损的部分。菌褶的颜色往往由孢子(如草菇、双孢蘑菇)或囊状体决定(如多汁乳菇)。

菌褶是影响商品价值的重要因素之一，要尽量避免菌褶破损或变色。

(三)菌柄、菌环、菌托

1. 菌柄 菌柄在菌盖下面，有中生、偏生或侧生之分，与菌盖不易分离或极易分离。伞菌菌柄的形状、质地、表面附属物的有无、基部形状以及与菌盖着生的位置等都因种而有差异。菌柄质地常为肉质、蜡质、纤维质、半纤维质或脆骨质(软骨质)等。菌柄颜色多种，形状也各不同，如圆柱状、棒状、纺锤状、杆状、粗筒形、圆头形、假根形等。菌柄表面平滑或有纤维条纹、条纹、腺点、网纹、陷窝,或有多种附属物,如鳞片、碎片、茸毛、颗粒、纤毛等。菌柄中实或中空,基部呈齐头、圆头、尖头或膨大成球形等。

菌柄多为中生、直立或弯曲扭转。有的品种具短柄或无柄;有的菌柄光滑,有的具有鳞片或条纹。

除了竹荪、金针菇、姬菇、杏鲍菇、真姬菇、杨树菇的菌柄以外,大多数食用菌的菌柄的口感较差,在贮藏加工前,应做适当处理。如干制香菇的原料菇,应剪去部分菌柄或完全剪除菌柄,再将剪柄后的香菇和菌柄分别进行加工。

2. 菌环和菌托 菌环是内菌幕遗留在菌柄上的环状物,常在菌柄的上部,有各种形状,单层、双层或齿轮形;菌托是包裹子实体的外菌膜遗留在菌柄基部的袋状物或杯状物。由于种的不同或外菌幕发育强弱不同等原因,菌托的形状有苞状、杯环状、鳞片状、粉状、环带状等。

不同种类的食用菌应该根据其贮藏保鲜与加工原料的食用成熟标准决定是否见到菌环或菌托时再采收,采收后的处理也有区别。双孢蘑菇是有菌环的菌类,但必须在内菌膜尚完整时采收,一旦见到菌环,其食用价值、商品价值就会明显降低。草菇、竹荪均具有菌托。对于草菇,必须在外菌膜尚完整时采收;而对于竹荪,则需要见到菌托后再采收加工。

二、化学成分及其保鲜与加工特性

菌类含有人体需要的多种营养物质,其中包括仅存在于菌类中的一些特殊营养物质(如蘑菇多糖、香菇素等)。这些营养物质在贮藏保鲜与加工过程中会产生一系列物理的、化学的、生化的变化,并由此引起菌类贮藏保鲜与加工性能的改变和营养成分的变化。菌类的化学成分包括水分和干物质两大部分。干物质主要包括碳水化合物、蛋白质、脂类和矿物质。

第二章 食用菌贮藏保鲜与加工特性

(一)水 分

鲜菇(鲜耳)含水量一般在 85%～90%,不同种类的食用菌含水量是不同的,即使是同一种菌类,其鲜菇(鲜耳)的含水量也有相当大的变化,这种变化主要决定于培养基(料)的组分,以及水分管理措施等因素。例如,用废棉栽培的平菇、凤尾菇的含水量就比用稻草栽培的相同菌类的含水量少。了解这种差别,有利于选择最佳贮藏保鲜或者加工工艺,生产优质产品。

菌类子实体中的水分按其存在状态可分为 2 部分,一部分是束缚水(包括胶体结合水和化合水),另一部分是自由水,也称游离水。束缚水是结合于细胞内亲水物质中的水分,含量比较稳定,即使高温干燥也不容易蒸发,低温也不容易结冰。自由水存在于菌类细胞内和细胞间隙中,不稳定,在低温条件下能够结冰,在高温干燥条件下容易蒸腾散失。

在菌类贮藏保鲜或加工过程中,水分的变化主要是自由水含量的变化。

水分是影响菌类鲜度、嫩度和风味的极其重要的成分之一。在保鲜贮藏过程中,如果自由水蒸腾散失过多,就会使鲜菇外观萎蔫、干瘪,风味变劣。相反,如果自由水含量过高,就会影响菌类保鲜贮藏的稳定性,容易孳生杂菌,导致子实体腐烂变色、变质。在高温季节,后一种现象更加严重。

影响子实体水分散失的重要因素是温度和空气相对湿度。所以,在菌类保鲜贮藏期间要特别注意对环境温度和空气相对湿度的控制,在进行干制加工时,应注意缓慢升温和同步排湿,以便用最少的能量加工出最好的产品。

(二)干物质

食用菌的干物质中有 90%～97%是有机物。干物质的含量在各种食用菌间差异较大,其组成与食用菌的栽培(发生)场所有密切关系。一般来说,食用菌中木材腐生菌类的碳水化合物含量较多,而草腐型菌类、林地生菌类的蛋白质含量较高。

1. 蛋白质 食用菌蛋白质的含量约占可食用部分鲜重的4%,占可食用部分干重的20%～30%,其含量是大白菜、西红柿、白萝卜等常见蔬菜的3～6倍,是香蕉、甜橙的4倍。

食用菌中的含氮物质(蛋白质、氨基酸、酰胺)对食用菌加工品的色、香、味和加工工艺有一定影响,如酶促褐变、遇金属变色等,含酪氨酸的蘑菇子实体能在酚氧化酶的作用下进行氧化,产生黑色物质。

2. 脂类 食用菌子实体中含有脂肪、卵磷脂和固醇等脂溶性化合物。食用菌中脂肪含量一般在10%以下,平均为8%。含有较多的不饱和酸,有明显的降血脂作用。食用菌中脂肪的性质类似植物油,含有较多的不饱和脂肪酸,如油酸、亚油酸等,对降低人体血脂有明显的好处。

3. 碳水化合物 食用菌中碳水化合物的含量占可食用部分干重的50%～70%。在碳水化合物中,海藻糖(菌糖)和糖醇的含量分别达到3%,这两种糖是食用菌的甜味成分。当菇类成熟时,菌糖分解为葡萄糖。葡萄糖是食用菌子实体呼吸作用的基质之一,所以食用菌在贮藏保鲜过程中碳水化合物容易损失。

食用菌中还含有丰富的糖原(肝糖)和真菌甲壳素(几丁质),后者是一种极好的膳食纤维。

4. 矿物质 食用菌子实体中含有多种矿物质元素,通称灰分。菌类灰分中的钾、磷含量最高,其次是钙和铁。人们适当摄入这些物质,对于成骨、造血和平衡体液等是十分必要的。灰分在食用菌中比较稳定,在贮藏加工过程中变化较少。

5. 维生素 菌类子实体中含有多种维生素,大多数食用菌都含有硫胺素(VB_1)、核黄素(VB_2)、泛酸(VB_3)、烟酸(VB_5)、吡哆醇(VB_6)、氰钴素(VB_{12})、抗坏血酸(VC)、生物素(VH)、叶酸(VM),以及麦角固醇(维生素 D 的前体物质)等。含维生素 A 的食用菌种类较少,常见菌类中只有鸡油菌、蜜环菌、猴头菌的维生素 A 的含量较多。

6. 成味物质 食用菌味道鲜美,风味独特。近年来,国外学者对香菇、双孢蘑菇、松口蘑(松茸)等菌类的鲜味物质和香味物质进行了比较深入的研究,发现这些菌类的香味来自一系列挥发性八碳化合物,而鲜味来自不挥发性含氮化合物。

(1)鲜味物质 菌类的鲜味与菇体中所含的多种游离态氨基酸和碳水化合物中的 D-阿拉伯糖、甘露糖等有关。在氨基酸中,谷氨酸和天门冬氨酸呈鲜味,甘氨酸、丝氨酸、脯氨酸、丙氨酸等呈甜味。

5'鸟苷酸(5'-GMP)是决定香菇风味的核苷酸。核苷酸在新鲜香菇中的含量虽然很少,但是当香菇干燥后或将香菇放入温水浸泡后,能够促进核糖核酸的分解,这样一来,包括鸟苷酸的核苷酸的含量就增加了。同时,核苷酸在其分解酶的作用下会进一步分解成没有鲜味的核苷。因此,为了避免核苷酸被分解,应该设法抑制核苷酸分解酶的作用,而使核糖核酸分解酶保持较高的活性,从而保持香菇的美味。在浸泡干香菇时,将水温控制在 60℃~70℃,可以达到这一目的。

(2)香味物质 一系列挥发性八碳化合物是菌类的香味物质。这些挥发性物质包括:1-辛醇、3-辛醇、3-辛酮、1-辛烯-3-酮、1-辛烯-3-醇、2-辛烯-1-醇、松菇醇、香菇香精等。

新鲜香菇虽然没有干香菇那么香,但它同样含有香味物质的前体——含八碳的醇类和含硫基的物质。干香菇的强烈芳香味是由香菇香精产生的。香菇香精在新鲜香菇中几乎是检测不出来的。在干燥和(或)烹调过程中,香菇酸通过酶的作用和非酶的作用,生成香菇香精(图2)。

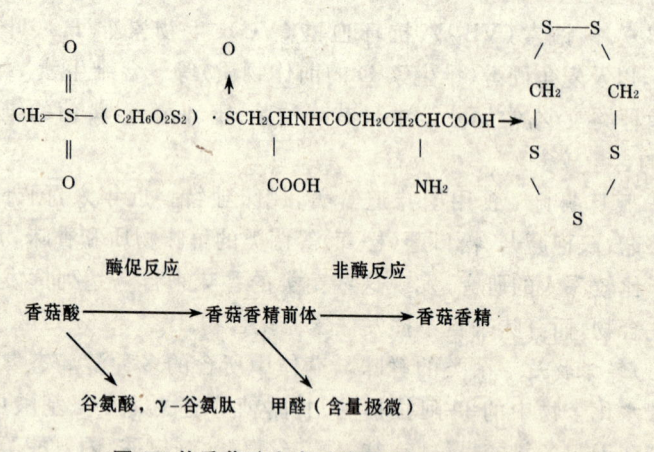

图 2　从香菇酸生成香菇香精　（安本等，1971）

从图 2 可以看出，这个反应的初期还生成了谷氨酸（味精成分），在它的最终阶段还产生甲醛。以前在香菇里面发现含有甲醛，曾经被看作是食品安全方面的问题，但现在判明它的含量极微，人们可以放心食用。

思考题

1. 为什么说新鲜食用菌是容易腐烂变质的食品？
2. 为什么说菌褶是影响食用菌商品价值的重要因素之一？
3. 试论述"水分是影响菌类鲜度、嫩度和风味的极其重要的成分之一"。
4. 食用菌具有哪些鲜味物质和香味物质？
5. 香菇的特殊香味物质是什么？这种特殊香味物质是怎样产生的？

第三章 食用菌贮藏保鲜原理

和新鲜蔬菜的贮藏一样,食用菌的保鲜贮藏是食品保藏方式之一,如保藏措施不当,食品就会败坏变质。食用菌在贮藏保鲜中仍然是有生命的机体,而且,正是依靠食用菌活体所具有的对不良环境和致病微生物的抵抗性,才使其得以延长贮藏期,保持品质,减少损耗。我们称食用菌的这些特性为抗病性和耐贮性。

食用菌贮藏时也要控制环境条件,通过控制环境条件来控制耐贮性、抗病性的发展变化。同蔬菜贮藏一样,进行食用菌的贮藏,必须先有适于贮藏的产品。首先要选择适于贮藏的菌株。其次要注意菇场的自然条件和栽培条件。选择菌种并合理栽培才能获得具有较好耐贮性、抗病性的优良产品,这就为以后的贮藏保鲜打下了良好的基础。然后,在贮藏期间,控制贮藏条件于最适宜的水平,尽可能延缓耐贮性、抗病消耗呼吸底物性的衰变,才能完成食用菌贮藏保鲜的任务。

一、采后呼吸作用

采收的食用菌已经离开了培养基,同化作用已经停止,但还是活的有机体,还在继续进行生命活动,呼吸作用成为新陈代谢的主导过程。呼吸作用与各种生化过程有着密切的联系,并制约着这些过程,从而影响食用菌在贮藏过程中的品质变化,也就是直接影响食用菌贮藏保鲜的技术关键。

(一)呼吸作用与食用菌贮藏的关系

呼吸要消耗呼吸底物,呼吸底物的消耗是食用菌贮藏中发生失重(自然消耗)和变味的重要原因之一。从消耗呼吸底物角度来看,呼吸作用是消极的,所以贮藏物中要尽量降低食用菌的呼吸强度,以减少呼吸底物的消耗。但呼吸不只是消极的,还有其更重要的积极意义。食用菌的呼吸有多条途径,每条途径都由许多中间环节所组成,各有特定的酶系统所催化,形成一系列特定的中间产物,许多中间产物是重新合成新物质的原料,通过这些物质转变,使糖代谢与脂肪代谢、蛋白质及其他许多物质的代谢联系在一起。这就使得呼吸作用密切影响到食用菌子实体的后熟、衰老、抗病、愈伤等各种过程,也就是在食用菌贮藏中密切影响到食用菌耐贮性、抗病性的发展和变化。

在贮藏实践中,应随时了解贮藏产品呼吸的量变和质变,及时予以适当的调节控制。

呼吸强度是衡量呼吸作用强弱的指标,通常以一定温度下每千克样品在1小时内释放的二氧化碳(CO_2)或吸收氧气(O_2)的毫克数或者毫升数来表示。

呼吸作用中释放 CO_2 或吸收 O_2 的容积比叫做呼吸商(RQ)或呼吸系数。单以己糖作为呼吸作用的底物时 RQ=1;有机酸的氧化程度比较高,单以有机酸作为呼吸作用的底物时 RQ>1;脂肪是高度还原性物质,以脂肪作为呼吸作用的底物时 RQ<1,如硬脂酸被氧化时,RQ=0.69。当然,无氧呼吸所占的比重越大,RQ 值也就越大,释放的能量反而越少。因此,根据呼吸商可大致了解无氧呼吸的程度。

RQ 值只能综合反映出呼吸作用的总趋势,不能准确指出呼吸底物的种类和无氧呼吸的程度。

(二)影响食用菌呼吸作用的因素

1. 种和品种 在相同或相似的环境条件下,各种食用菌的呼吸强度和呼吸热不同(表1),同一种类的食用菌中不同菌株(品种)间也有差异。例如,在 25℃ 条件下,金针菇的呼吸强度为 631.74 毫升 CO_2/千克鲜重·小时,平菇为 572.6 毫升 CO_2/千克鲜重·小时,香菇为 252.07 毫升 CO_2/千克鲜重·小时。一般说来,在相同的温度条件下,子实体比菌丝体呼吸强度大,高温发生型种类比低温发生型种类呼吸强度大,肉质、胶质菌类比木栓质菌类呼吸强度大。

表1 3种食用菌的呼吸强度 (单位:毫升 CO_2/千克鲜重·小时)

温度(℃)	金针菇	平菇	香菇
21	678.42	510.37	224.06
23	665.97	546.46	289.42
25	631.74	572.60	252.07
28	623.50	570.64	294.08
30	619.75	555.49	392.11
33	617.75	546.16	415.45
35	625.51	485.47	429.46
37	583.56	459.80	423.23
39	513.48	441.13	410.78

2. 成熟度 平菇(糙皮侧耳)子实体不同发育阶段和不同部位的呼吸强度有差异。桑葚期的呼吸强度为 343.52 毫升 CO_2/千克鲜重·小时,珊瑚期为 345.38 毫升 CO_2/千克鲜重·小时,成形(扇形)期为 607.17 毫升 CO_2/千克鲜重·小时,成长期为 691.34 毫升 CO_2/千克鲜重·小时,成熟期为 434.62 毫升 CO_2/千克鲜重·小时,孢子释放期为 509.77 毫升 CO_2/千克鲜重·小时。上述结果表明,从桑葚期到成长期,子实体逐渐生长发育,呼吸强度逐渐加大,至成长期达到高峰。当子实体生长发育至成熟期时,呼吸强度明显下降,当子实体大量弹射孢子时,其呼吸强度又达到一

个高峰。

3. 温度 温度是影响呼吸作用最重要的环境因素之一。在一定范围内,温度升高,酶活性增强,呼吸强度也因此增大。低温能够降低呼吸作用的速率,减少蘑菇的呼吸消耗和呼吸热。但是,低温贮藏并不是贮藏温度越低越好,必须根据贮藏对象对于温度的敏感程度,在不出现冻害的前提下,尽量降低贮藏温度,而且不宜将多种蘑菇贮藏在同一温度下。另外,贮藏温度长时间或者大幅度波动会刺激蘑菇中水解酶的活性,提高呼吸作用的速率,增加呼吸消耗和呼吸热,缩短新鲜蘑菇的货架期,影响贮藏效果。

4. 空气成分 空气成分是影响呼吸作用的另一个重要环境因素。降低空气中氧气浓度(O_2 分压)或增高二氧化碳浓度(CO_2 分压),呼吸作用均会受到抑制。较高的二氧化碳浓度,不仅能够抑制呼吸作用,还能够对抗乙烯的产生和阻止乙烯发挥作用,产生良好的保鲜效果。如果贮藏环境中二氧化碳的浓度过高,将会抑制呼吸酶活性,从而引起代谢失调,这就是所谓的二氧化碳中毒,它的危害甚至比缺氧障碍更严重。

5. 机械损伤和病虫害 任何机械损伤,即使是轻微的挤伤或压伤,也会引起呼吸加强。病虫害的影响与机械伤害相似,当食用菌受到病菌侵害时,寄主组织会产生保卫反应,其主要表现就是呼吸加强。因此,鲜菇市场提倡净菇上市,定量分装,并且选用具有一定强度的包装容器,避免新鲜蘑菇在贮藏、运输和销售环节中的机械损伤。

以上是影响食用菌呼吸作用的主要因素,从这几方面着手,采取措施降低新鲜蘑菇的呼吸强度,维持鲜菇于缓慢、正常的生命活动之中,是食用菌贮藏保鲜的理论根据。

二、蒸腾与结露

刚采收的新鲜食用菌,含水量因品种和采收前的水分管理不同而有很大的差别,但含水量普遍较高,一般为90%左右。水分通过菇体表面以气体状态散失到大气中的过程叫蒸腾作用。菇体和果蔬的水分蒸腾散失,与一般水分的蒸发有着本质区别,它们是受生命活动制约的生命过程,而且在收获后的贮藏期间不断地进行着。

菇体中含有大量的水分,在生长过程中因蒸腾作用散失的水分可由子实体的基内菌丝体从培养料(培养基)中吸收的水分来补偿。在贮藏期间的蒸腾作用是单向的,散失的水分得不到补充,因此,对食用菌贮藏将带来一系列的不良影响。

(一)蒸腾作用对贮藏的影响

1. 失重与失鲜 食用菌子实体中大量水分的存在使细胞膨胀,组织坚挺脆嫩,富有光泽和弹性。如果贮藏中蒸腾失水过多,子实体将很快萎蔫,即失重和失鲜。失重主要是因失水造成的食用菌重量方面的损失,也叫"自然消耗";失鲜是食用菌质量方面的损失。综合表现为食用品质和商品价值的降低。

2. 代谢功能紊乱 采收后的食用菌中各种营养成分的水解、吸收、转移及各种酶的作用、核心作用的气体交换等一系列生理活动,都是在水的参与下进行的。在贮藏中蒸腾失水过多,势必破坏正常的代谢过程,危及安全贮藏。

3. 耐贮性和抗病性降低 蒸腾大量失水,可以导致子实体萎蔫、细胞膨压降低、菇体组织的机械结构变劣、正常代谢过程遭到破坏、水解过程加快、呼吸作用加强、呼吸基质改变及有害物质积累等现象发生。这些现象都会降低食用菌的耐贮性和抗病性。

采收后,食用菌子实体少量散失水分,对于菌类安全贮藏并无多大影响,有时反而有利。例如,细胞少量脱水,使细胞膨压稍微下降,组织比较柔软,能够减少贮藏运输过程中子实体的机械损伤。作为干制加工原料的鲜菇和鲜耳,采收后进行适当的晾晒或者烘烤脱水,不属于上述蒸腾失水的范畴。

(二)影响蒸腾作用的因素

蒸腾作用与食用菌的种类、子实体成熟程度有关,还与环境条件,包括温度、湿度、风速、气压、光照等有关。

1. 食用菌种类和成熟度 食用菌的种类不同,蒸腾作用也不相同,菌株(品种)间也有差异。即使是同一品种,如果成熟度不同,其蒸腾作用也有很大的差异,这种差异往往是由于菌类子实体的表面状况及其细胞保水能力决定的。一般来说,侧耳类(如糙皮侧耳、短柄侧耳、金顶侧耳、白黄侧耳、裂皮侧耳、栎平菇、小白侧耳、贝形侧耳、肺形侧耳、粉红褶侧耳、漏斗状侧耳、美味侧耳、灰白侧耳、榆干侧耳等)子实体的蒸腾作用较强,其他伞菌类(包括阿魏侧耳、杏鲍菇、白灵菇)子实体的蒸腾作用次之,胶质菌子实体的蒸腾作用较弱,菌核的蒸腾作用最小。又如,肉质伞菌的子实体是随着子实体的发育,成熟度的递进,菌盖逐渐长大,蒸腾作用逐渐增强,主要是其表面积(蒸腾面积)增加的结果。

2. 空气相对湿度 菌类蒸腾作用的直观表现是水分从菇体扩散到空气中,而空气从含水物料中获得水分的能力,决定于空气的湿度饱和差。因此,湿度饱和差便成为影响菌类子实体蒸腾作用的直接环境因素。

一般来说,菇体细胞含有大量水分,空气相对湿度可以看成100%。因此,当贮藏环境中的空气相对湿度低于100%时,由于湿度饱和差的存在,必然产生蒸腾现象。如上所述,直接影响菌类蒸腾作用的是空气的湿度饱和差,而且空气从菇体吸收水分的能力与湿度饱和差呈正相关。

3. 温度　如上所述,环境温度对菌类蒸腾作用的影响,除了温度本身直接影响菌类子实体的生命活动外,主要是间接影响空气的湿度饱和差。因为空气的饱和湿度随温度的上升而增大(表2),所以温度的改变也会引起空气相对湿度和湿度饱和差的改变。一般来说,高温会促进菌类的蒸腾作用,而低温有利于抑制菇体的蒸腾作用和水分的散失。

表2　某一温度时水的饱和气压

温度(℃)	0	10	20	30	50	70	90
饱和水气压(千帕)	0.61	1.23	2.34	4.24	12.30	31.20	70.10

注:饱和水气压即饱和水气下产生的压力。饱和水气压间接反映大气中的水气压力,是温度的系数,温度越高,空气中的水分子数量越多;反之,温度越低,空气中的水分子数量越少

4. 通风　空气流动对菌类蒸腾作用的影响,主要是间接影响空气的绝对湿度。菌类蒸腾作用本身能够使贮藏环境的湿度不断提高,并逐渐趋向饱和,从而减少自身的蒸腾失水。通风能够不断地降低贮藏环境的湿度,从而促进蒸腾作用,风力越大,也就是气流速度越快,蒸腾越强。因此,采用通风库贮藏食用菌时,应该注意调节风速和风量。

5. 光照　光照对菌类蒸腾作用的影响,主要是光照本身对蒸腾生理的作用,如光照刺激一些酶的活性和呼吸作用等。另外,光照常常伴随热量而来,热可以使菌类子实体本身和环境温度升高,从而间接影响菌类的蒸腾作用。因此,在菌类保鲜期间应避光贮藏。

(三)结露及其预防

当采收后的菌类子实体用塑料薄膜封闭贮藏时,膜内常有水珠凝结,即所谓结露,俗称"出汗"。结露的原因是气温降到露点

(指空气中饱和水气开始凝结结露的温度)以下,过多的水气从空气中析出而在物体表面凝结成水。

1. 结露类型

(1)大堆产品有时结露　新鲜蘑菇堆放在一起,不容易通风和散热,堆内的温度高于堆表面的温度,即堆内、外产生了温差加上堆内的空气相对湿度比较高。当这种温暖湿润的空气移动到大堆产品的表面时,就容易产生"出汗"现象。

(2)塑料薄膜内的产品有时结露　用塑料薄膜封闭贮藏时,因为菌类子实体产生的呼吸热,内部温度总是高于外部温度,内部湿度也高于外部湿度。包装用的塑料薄膜正处在冷热的交界处,所以塑料薄膜内侧常常有水珠凝结。内外温差越大,凝结的水珠也越大,越多。

(3)贮藏场所的温度波动也容易产生结露现象　结露不利于菌类的保鲜贮藏,容易孳生致病微生物,造成堆内或者膜内产品发热,最终导致蘑菇腐烂变质。

2. 结露的预防　防止结露的措施就是设法消除或者尽量缩小贮藏环境内外的温差。因此,采收后的菌类子实体不宜采用大堆堆码,不要排放过分紧密,要留有一定的空隙或通风孔,以便排除呼吸热。采用塑料薄膜包装封闭贮藏时,应该控制环境温度,使其稳定在安全温度范围内,切忌库温忽高忽低,以免膜内大量结露。在设法消除或者尽量缩小温差预防结露的前提下,在包装物内衬垫吸潮纸或吸湿剂,也是安全贮藏新鲜蘑菇的有效措施之一。

三、采后生理生化变化

(一)后熟作用

食用菌的后熟作用是指采收后的菌类子实体继续生长发育,

进行有氧呼吸,消耗菇体内的营养物质,表现为开伞、孢子形成与弹射、纤维化等。虽然后熟是菌类的一种正常的生理现象,但其直接影响食用菌的食用价值和商品价值。

食用菌的后熟进程依品种而异。草菇的后熟进程最快。在蛋形期采收的草菇,1～2小时后菌柄显著伸长,顶破外菌膜,3～4小时就会开伞。开伞后的草菇、双孢蘑菇、巴西蘑菇、鸡腿菇等,子实体由脆嫩的肉质变为粗糙的纤维质,产生有色孢子,风味变劣,从而降低或者丧失商品价值。香菇、平菇、杏鲍菇、白灵菇、金针菇、真姬菇、杨树菇等也有明显的后熟现象,如果采收后处理不当,经过3～5天就会因为过分成熟(过熟)而开始潮解、自溶,甚至腐烂,失去商品价值。

(二)酶活性的变化

采收后的新鲜蘑菇仍在继续进行生命活动,但此时同化作用已经停止,呼吸作用成为新陈代谢的主导过程。呼吸作用是在许多复杂的酶系统参与下,经过许多中间反应环节进行的生物氧化—还原过程。不同种类的酶起着不同的催化作用,各种酶活性的变化表明其分解代谢的变化。例如,脱氢酶活性增强,会提高鲜菇的呼吸强度,加快鲜菇的后熟与老化进程;多酚氧化酶能够促进鲜菇产生褐变;转化酶的水解活性加强,可导致鲜菇含糖量降低,酸度增加。不同种类的酶起着不同的催化作用的特性,叫做酶的专一性。在菌类贮藏保鲜中采用的许多措施,其目的就是适当抑制酶活性,使菌类处于缓慢的、正常的生命活动状态下,延缓鲜菇的后熟与老化进程。

不同的菌类,其酶系统的组成与活性是不同的。平菇、杏鲍菇、白灵菇的多酚氧化酶的活性较弱,因此,不像双孢蘑菇那样会产生明显的酶促褐变。但是,平菇中的脱氢酶活性特别高,所以极不耐贮藏。

贮藏中的鲜菇在条件不适时,菇体表面或者伤口处的色泽逐渐加深,变成绿色、褐色以至黑色,这种变化称为"褐变"。褐变不仅影响鲜菇的商品质量,同时还降低鲜菇的营养价值,甚至完全丧失食用价值。所谓褐变,是一系列化学变色反应的总称。就化学本质而言,可以分为酶促褐变和非酶促褐变(自然氧化)两大类。

1. 酶促褐变 如上所述,酶促褐变是在多种酶(尤其是多酚氧化酶)的催化下产生的变色反应。这一大类催化变色反应的酶,如酪氨酸酶、儿茶酸酶等,都是以铜、铁离子作为辅酶。所以,在菌类保鲜或者加工中,应尽量减少破损,并避免使用铜、铁器具,以免加剧鲜菇的酶促褐变。

2. 非酶促褐变 非酶促褐变主要是指发生在碳水化合物、氨基酸、各种含氧化合物以及有机酸之间的复杂的化学反应。脂肪中的不饱和脂肪酸也能够发生氧化反应。在氧化反应过程中,菇体逐渐变成褐色或者棕色,并且产生烂稻草味或臭味。这种现象,在多种食用菌的干制品贮藏期间也经常发生。此外,蘑菇的自然色素也会因为自然氧化而变色,其结果是导致菌类在贮藏中失去商品原有的色泽。

在大多数情况下,酶促褐变和非酶促褐变经常是同时进行的。但是,酶促褐变可以被维生素C、柠檬酸或其他有机酸和热处理所抑制;非酶促褐变则容易被高温、金属离子和一些微生物代谢产物所"催化",避免使用金属器具,低温贮藏抑制微生物活动,可以减少自然氧化反应的发生。

(三)糖的变化

葡萄糖、甘露糖和菌糖(海藻糖)是食用菌菌丝体和子实体呼吸作用的主要底物。随着贮藏时间的延长,由于呼吸作用将上述糖类氧化成水和二氧化碳,从而使菇体失重、失鲜(风味变劣)。此外,在贮藏过程中,多聚糖的种类也会发生变化,造成菇体纤维化。

(四)蛋白质与氨基酸的变化

采收后的菇体,蛋白质水解酶活跃,它可以使蛋白质降解成氨基酸,从而改变菇体的风味。有些游离氨基酸可以被氧化成有色的醌类化合物,导致菇体褐变。

(五)脂类的变化

大多数脂类存在于细胞膜上,它与菇类在贮藏期间的抗逆性有关。例如,草菇含有大量的饱和脂肪酸,在 10℃~15℃条件下,经过一定的处理,具有较强的抗逆性,可以安全贮藏 3~4 天;但在低温冷藏时,由于菇体细胞膜结构受到破坏,透性增强,细胞液外渗,导致菇体液化自溶,呈冻害状,从而失去了商品价值。

(六)水分的变化

蘑菇含水量高达 85%~95%。由于菇体组织疏松,在贮藏过程中,蒸腾作用可导致菇体失水,萎蔫发皱,影响商品外观。如果菇体失水过多,将影响食用菌的风味。如果通风不良,蒸发出来的水分积在菇体表面,使蘑菇呈水浸状。这种情况有利于微生物在菇体表面繁衍,使菇体出现斑点或者腐烂。

思 考 题

1. 简述呼吸作用与食用菌保鲜贮藏的关系?
2. 影响食用菌呼吸作用的因素是什么?
3. 为什么说"温度是影响呼吸作用最重要的环境因素之一"?
4. 结露有哪些类型?怎样预防食用菌在保鲜贮藏期间结露?
5. 食用菌贮藏保鲜的原则是什么?

第四章 食用菌采收包装和运输

一、采收分级与包装

采收是食用菌栽培的最后环节,也是食用菌贮藏加工的最初环节。鲜菇、鲜耳的采收标准以及采收方法是否适当,直接影响食用菌的贮运损耗和加工品品质。所以,一定要认真做好采收工作,为食用菌的贮藏或加工提供优质原料。

采收后的子实体仍然是活的机体,其表面组织是一道天然屏障,损伤破坏了这道屏障,新鲜蘑菇就失去了自然的抵抗力,易感染病菌,造成腐烂变质。所以,在食用菌的采收、贮运过程中应尽量减少或避免一切损伤,保护好子实体的抗病性和耐贮性。

(一)采收标准和采收方法

1. 双孢蘑菇的采收 采收是双孢蘑菇栽培生产的最后环节,采收技术不仅对产量和品质有影响,而且对下潮菇的产量也有很大影响。采菇的技术及原则:一是采菇前不要喷水,以免手捏部分变色;二是从菇床上采下菇时,用手轻捏菇盖,旋转取出。生长成丛,并大小不一致时,要用干净的刀片切下要采的菇,保留其他菇;三是边采菇边切出带覆土的菇脚(轻采快削),以免菇脚上的覆土污染在菇盖或菇柄上,影响商品外观;四是现在国内、外市场对鲜菇的要求,只要在销售期间菇膜不裂开,菇越大销售市场越好,价越高。而加工成罐头的菇,当菇直径在1.5厘米以上则菇越小销售市场越好,价格越低。因此,采收时必须依据销售市场决定采菇的大小;五是采菇太早,则产量低,采菇太迟,蘑菇品质下降,且影响下潮菇的生长。

第四章 食用菌采收包装和运输

2. 草菇的采收 作为商品的草菇,要求菌膜未破裂,外观呈蛋形。这时肉质幼嫩,风味佳。菌盖突破包膜后,菌柄尚未伸长,这时肉质也还幼嫩,但风味略差,已不适于作为制罐原料,但仍可制作干品草菇。菌柄充分伸长,菌盖开伞的菇已无商品价值。

采收时一手按住菇体周围的培养料,一手将菇轻轻摇动,捻离草料。要防止损伤菌丝和邻近的小菇,切忌将菇拉出,以致牵动及损伤菌丝,使周围小菇死亡。也不宜用剪刀剪取,否则基部部分遗留于草料(培养基)面上,会造成腐烂,引起病虫害。成丛生长的草菇,可选择适宜的用小刀从菇的基部切割,采大(已经达到采收标准)留小(未达到采收标准)。由于草菇产生于高温、高湿的季节,如果采菇动作过大,常导致小菇死亡。因此,对于成丛生长的草菇,最好当大部分草菇都适宜采收(达到采收标准)时,整丛菇一齐采收。

3. 鸡腿蘑的采收 当鸡腿蘑长至七八成熟,子实体长 7~10 厘米,菌盖没有变松仍然包裹紧凑结实、无鳞片翻卷现象、菌盖光滑、洁白或有少量褐斑时,应及时采收。一旦菌盖变松,菌褶变黑,充分成熟即开伞。开伞后菌盖会自溶成墨汁状液体,只残余菌柄部分,便失去了商品价值。

采收时,手指捏着菌柄基部,轻轻旋转拔起。采收后的菇脚(菌柄)坑,用土填好,且不留菇脚,以免生霉腐败,招致病虫害。

鸡腿蘑贮藏期较短,采下的幼菇在 4℃ 的温度下 7 天内不会自溶,而 12℃ 时,幼龄的子实体仅能保存 4 天。因此,子实体采收后应及时鲜销或及时进行盐渍、制罐、干制等。

4. 香菇的采收 香菇生长到什么程度采摘最合适,取决于鲜菇的去向。如果以鲜菇上市,可在其开伞七八分,菌盖边缘仍然稍微内卷时采收。如果准备干制加工,生产优质干香菇,采摘标准则依香菇发生季节而定,气温较高时应适当提早采收。

(1)花菇(冬菇) 开伞五六分,在菌膜部分破裂时采收。

(2) 厚菇（香菇） 开伞六七分，在菌膜全部破裂，菌盖边缘明显内卷时采收。

(3) 薄菇（香信） 开伞七八分，在菌膜全部破裂，菌盖边缘仍然稍微内卷时采收。

鲜香菇干制加工过程中，开伞程度一般增加 1 分左右。因此，适当提早采收可获得最好的加工效果。香菇大量发生时，尤应适当提早采收。

采摘香菇时，可用手指捏住菇柄根部，轻轻旋起即可。注意不要碰伤未成熟的菇蕾，并且尽量使菌盖边缘和菌褶保持原貌，既要把香菇完整地摘下来，又不可撕破菇木的树皮或菌棒的菌皮。

采收香菇，不可用大箩筐或麻袋、塑料袋等盛装，防止鲜菇过分挤压变形，或因通气不良而变色变质。最好用小提篮盛装，每篮装鲜香菇 5 千克左右为宜。采满一篮后，及时摊开晾晒，再去采摘。

5. 木耳的采收 生长中的黑木耳子实体，颜色深褐，耳片边缘内卷，有弹性，耳根扁宽。随着耳芽逐渐长大，耳片颜色逐渐变浅，耳片舒展变软，肉质肥厚，耳根收缩变细，而且子实体腹面（光面）开始产生白色粉末状担孢子，表明黑木耳子实体已经成熟，应及时采收。

新鲜湿润的黑木耳耳片滑腻，不易整朵采摘。一般在雨后天晴或暂停人工喷水后，待木耳晾至半干（耳片已干，耳基尚润）时采摘。最好是在耳片全干，晴天晨露未干时采摘。过干时，则应先喷水，让耳片稍润后再采摘，否则容易弄碎耳片，造成损失。这样采摘的木耳，含水量较少，容易晒干，不会出现"拳耳"，碎耳也少，有利于提高干耳产量和质量。

采摘木耳时，用手指将整朵木耳连同耳基一起捏住，稍微扭动一下，即可将木耳完整地采摘下来，放入篮中。不可乱抓耳片，硬性拉扯，以免将木耳拉成碎片，且保留在段木（或培养基）上的耳片耳根容易腐烂，影响耳芽再生。

第四章 食用菌采收包装和运输

6. 平菇的采收 平菇的采收标准是菌盖充分展开，颜色由深逐渐变浅，下凹部分开始出现白色毛状物，尚未弹射孢子或开始弹射孢子。采收过早，影响产量；采收过迟，菇盖边缘卷缩破裂，菇柄老化粗硬，质量下降，食味变劣，重量减轻，且影响下潮菇生长。

采收方法不当，往往破坏平菇的外形。采收时，一手轻按料面，一手捏住菌柄，将菇旋转扭下。也可用刀平贴料面，将平菇割下。平菇常叠生或丛生，采收时应整丛采收，轻拿轻放，防止损伤菇体，也不要过分伤害培养料。一潮菇采完后，应清理床面，将死菇和残留在培养料中的菇根捡净，以利于形成下一潮菇。

7. 杏鲍菇的采收 当杏鲍菇的菌盖平展，孢子尚未弹射，菌盖直径与菌柄直径一致或稍小于菌柄直径时，就要及时采收。第一潮菇采收后，应及时清理料面，停水养菌4~5天，再调节好菇房的温度、湿度和通风等条件。相隔14天左右，再采收第二潮菇。杏鲍菇的产量主要集中在第一潮菇，占总产量的70%以上，第二潮菇朵型小，菌柄短，产量低。故工厂化栽培只采一潮菇。管理得当，杏鲍菇袋栽的总生物效率可达50%~60%。如将采收一潮菇的菌袋再脱袋覆土栽培，可明显提高二潮菇的产量。

8. 白灵菇的采收 白灵菇从现蕾至采收需10~15天。应在菌盖内卷、边缘圆整且未散射孢子时采收。采收时用手指捏住菌柄，轻轻旋下即可。鲜销的白灵菇以盖大柄小、每个150克左右最受市场欢迎。白灵菇生长周期较长，产量较低，一般采一潮菇的生长周期要120~170天，生物学效率为30%~40%。如采收后采取覆土栽培，有相当比例的菌袋还能出第二潮菇。

9. 金针菇的采收 金针菇供食用的主要部位是脆骨质的金针菜状的菌柄，故菌柄又长又嫩者为优。金针菇的采收以菌盖已经开伞，但菌盖边缘仍稍内卷，菌盖呈斗笠状或球面状，菌盖直径在1厘米以内，菌柄长度达13~16厘米时，为最适采收期。若在幼菇菌柄未完全伸长前采收，产量极低，若待菌盖完全平展，甚至在边缘呈波浪状时才采收,金针菇变成菌柄扭曲肥胖的水胖菇,虽然产量增加了,但食味不佳,不符合商品要求。

采收金针菇时,一手握住菌袋或菌瓶,一手轻握菇丛基部,稍稍旋转即可整丛拔下。金针菇一般可采收4潮左右,但产量多集中在头2潮菇。因为后2潮菇产量低,质量差(菌柄参差不齐),经济上不合算,生产中常栽培至采收2潮菇为止。刚采收的金针菇应按照菌盖靠近菌盖的顺序整丛摆放,或切根分级后用小袋(每袋100~150克)包装直接上市。

10. 滑菇的采收 当滑菇子实体充分长大但尚未开伞时,应停止喷水。如喷水后就立即采收,容易使滑菇子实体黑根。滑菇子实体从原基分化至采收一般需要15天左右,每次采菇后要及时清理好菌盘表面,清除滑菇残根和死菇,并暂时停止向菌盘喷水,盖上塑料薄膜,防止菌盘表面干燥,稍微提高培养温度,以利于菌丝积累更多的营养,出好下潮菇。

(二)分级与包装

1. 分级意义及标准

(1)分级的意义

①优质优价:分级后鲜菇(鲜耳)的品质、色泽、大小、成熟度、新鲜度、清洁度及损伤程度等基本上是一致的。优质以优价来奖励,促进食用菌产品向标准化、规范化、商品化的方向发展。

②减少浪费:鲜菇(鲜耳)等级分明,好坏不混,不必翻选,又可按等级决定其用途,充分发挥产品的经济价值。

③便于包装远销:同规格的产品包装一样,运输贮藏时便于堆积,方便管理。

④满足国际市场的需要:刚采收的鲜菇、鲜耳只是一般的产品,只有经过整理、分级后才能作为商品上市,可以保证一定的规格标准进行对外贸易,如我国草菇、金针菇、松口蘑等鲜菇出口外

销都需进行严格的挑选分级。

(2) 分级的标准　各种食用菌供食用的部分不同,采收标准也不一样,所以没有一个统一的分级标准,只能按照各种食用菌品质的要求分别制订标准。鲜菇、鲜耳通常根据子实体的大小、重量、颜色、形状、成熟度、新鲜度、清洁度、病虫感染和机械损伤等方面的差异进行分级。通常分为3～5级。一级品具有本产品的典型形状、成熟度和色泽,没有可能影响该产品固有风味的内部缺点,大小一致,并且包装排列整齐,允许有5%的误差(数目或重量)。二级品与一级品具有同样的品质,允许在形状、大小上稍次于一级品,可根据市场或合同要求进行包装(整齐排列或不需要排列),允许误差为10%(混入下一等级的产品少于总数目或重量的10%)。一级品和二级品适于外销,其他等级则适于就地鲜销或加工。现以双孢蘑菇、草菇为例,介绍鲜菇的分级标准(表3,表4)。

表3　用于加工双孢蘑菇罐头的鲜菇分级标准

级别	大小(厘米)	标准
一级	1.5～2.5	菇形完整、不开伞,无病斑、虫孔,柄短口平
二级	2.5～3.5	菇形完整、不开伞,无病斑、虫孔,柄短口平
三级	3.5～4.5	菇形完整、不开伞,无病斑、虫孔,柄短口平
四级	4.5以上	菇形完整、不开伞,无病斑、虫孔,柄短口平
五级	混杂	菇形不完整、部分开伞,有病斑、虫孔

食用菌分级主要是手工操作;也有采用机械传送和手工挑选相结合的,先将产品放在传送带上,边移动,边分级(初步分级),然后再进一步按大小分级。小规模生产可用手工一次性分级,但分级的误差较大,对商品的一致性不能达到满意的程度。大规模生产应用分级机,依产品的大小进行分级,如草菇、香菇应用穿孔带大小分级机,由一条每个部分有大小孔或网眼的传送带进行分级。

2. 包装容器的规格与要求　鲜菇包装是使产品标准化、商品

表4　鲜草菇的分级标准

级　别	菇　体　形　态
一　级	大、实菇粒
二　级	中、实菇粒；大、松菇粒
三　级	中、松菇粒；大、中裂皮菇
菇　花	菇蕾包被部分裂开或周围脱开不超过0.5厘米级外
级　外	小、实菇粒；包被脱开超过0.5厘米的菇花

注：大菇粒：菇粒周长8～11厘米；纽期的子实体
　　中菇粒：菇粒周长6～8厘米；纽期的子实体
　　小菇粒：菇粒周长5～6厘米；纽期的子实体
　　裂皮菇：菇蕾包被已裂，但未脱开；蛋形期的子实体
　　菇花：包被部分裂开或周围脱开不超过0.5厘米；伸长期的子实体

化、保证安全运输和贮藏的重要措施。有了合理的包装，就有可能使新鲜食用菌在运输途中保持良好的状态，安全抵达目的地。因为运输中需经多次搬移和震动，合理的包装可以减少因互相摩擦、碰撞、挤压而造成的机械损伤，减少水分蒸发，避免子实体堆积发热而引起腐烂变质。

包装容器兼有容纳和保护鲜菇的作用，其材料应质轻坚固，无不良气味，可就地取材，价廉易得；容器大小应适当，以利于堆放和搬运；容器内应平整光滑，不致造成损伤，同时要求易于保持清洁。制作容器的材料有木板、竹片、柳条、纤维板、瓦楞纸和塑料等。容器可制成箩筐、桶和箱子。其中以木箱、木桶弹力大，耐压，可多次使用，但价格较贵。瓦楞纸箱则重量轻而价格低廉，也比较耐压，箱壁用树脂和石蜡涂被，以防止吸水而失去强度，亦可多次使用。

鲜菇是易腐败的商品，包装容器要有孔洞，以利于通风和散热。

包装容器的标准化在对外贸易上是十分重要的。标准化容器可以降低处理和运输费用，便于贮运，确保最高效率。近年来广泛

采用的集装箱也是鲜菇包装标准化的方向。

新鲜食用菌的去向包括鲜销、远途运输后贮藏保鲜、罐藏或干制加工等。用于罐藏加工或盐渍加工的原料菇,可用0.6%的食盐溶液或0.06%~0.1%的焦亚硫酸钠等溶液进行液态贮运。

小包装便于零售,是为大规模自选售货提供方便的包装形式。包装最好在产地进行,其优点是减轻运输重量。因包装前要经过挑选分级,剔除不可食部分。菇类小包装后一定要采用冷藏运输,以免途中腐烂变质,影响商品质量。纸袋、纸塑袋、塑料薄膜食品袋、塑料或泡沫塑料板制成的浅盘食品盒等是常用的小包装容器。包装容器应有透明的部位,以利于顾客挑选。每个包装都要标明商品名称、重量或数量、品种、产地等。小包装应再装入大包装或集装箱中,便于贮运和存取。

二、运　输

(一)安全运输与贮藏保鲜的关系

食用菌从产地采收到贮藏地点、收购站或零售摊点,从农村到城市,以及地区之间的调剂,都要经过一定路程的运输。为了减少鲜菇在运输途中损伤或败坏,必须缩短运输时间、减少中转环节。例如,铁路运输有快运货物列车,专门办理鲜活货物的运输,随到随运,效果很好。产于我国四川省甘孜地区的松口蘑主销日本,由于品种名贵,常用飞机空运。

准备运输的菇类必须适当提早采收,以保证品质,而且尽可能快速运输,才能达到安全运输的目的。根据鲜菇的种类、运输距离、运输季节、运输工具以及贮藏加工途径的不同,分别进行预冷、药剂处理、包装等不同处理,才能提高运输效率,并对食用菌的贮藏保鲜起重要作用。

(二)运输设备及技术要求

1. 运输设备 短途运输由城郊菇场到市区,目前多用农用货车和卡车,或者搭乘客车;长途运输多用汽车、轮船、火车,也有用飞机空运的。汽车运输,装载量适中,且装卸较为灵活、快速,适于城乡之间调运。由于鲜菇有高度易腐性,如果公路路况不好,行车颠簸较大,鲜菇容易遭受损伤,引起变质,造成损失。水路运输最大的优点是平稳,装载量大,运费较低,但速度较慢。铁路运输具有运载量大、平稳、快速的优点,但需用机械保温车组,并以快运货物列车形式运送。

2. 运输的技术要求和管理 首先要求运输管理人员应充分认识新鲜菇类的特点是活的有机体,水分多,组织脆嫩,易破损,易腐烂。所以,一切处理应慎重,尽量减少中间环节,缩短运输时间,才能确保运输安全。要做到:①交运的食用菌要合乎运输标准,没有任何败坏,成熟度和包装应符合规定,并且新鲜、完整、清洁及没有机械损伤和病虫害。②食用菌承运部门应尽力组织快装快运、现卸现提,以保证质量。③装运时堆码要注意安全稳当,要有支撑和垫条,防止运输途中移动或倾倒,堆码不宜过高,堆间应留有适当的空间,以便通风散热。④装运应避免撞击、挤压、跌落等现象,尽量做到快速平衡的运输。⑤装运应简便迅速,尽量缩短采收至交运的时间。⑥如用敞篷车(船)运送鲜菇,须用防水布或芦席覆盖,以免日晒雨淋。⑦鲜菇运输期间应适当通风。⑧在装载鲜菇之前,运输工具应仔细清扫,彻底消毒,以确保卫生。⑨鲜菇最好单仓、专车或专船贮运,以确保其固有的风味和食品安全卫生。⑩用保温车(船)运输鲜菇,可采用低温(4℃左右)、高湿(空气相对湿度85%左右)的环境条件,并注意适当通风,以抑制呼吸,减少损耗,防止萎蔫,保持新鲜,实施安全运输。

第四章 食用菌采收包装和运输

思 考 题

1. 为什么说"在食用菌的采收、贮运过程中应尽量减少或避免一切损伤"?
2. 双孢菇、草菇、香菇、木耳的采收标准是什么?怎样采收草菇?
3. 举例说明食用菌分级的意义与分级标准。
4. 为什么要进行鲜菇分级与包装?举例说明包装容器的规格与要求。
5. 举例说明鲜菇运输的技术要求。

第五章 食用菌贮藏保鲜技术

鲜菇因其味道鲜美、脆嫩而为人们所喜爱。有些菇类一旦加工,其风味和营养价值会大大降低,如松口蘑、香菇,其干品的色、香、味及营养价值均不及鲜品。因此,搞好鲜菇的贮藏保鲜对于保证鲜菇的市场供应以及加工后产品的风味、质量都是十分重要的。

一、冷藏保鲜技术

冷藏是一种行之有效的贮藏方法。少量鲜菇保鲜,可在拣选、切根、分级包装后再预冷、冷藏;大量鲜菇保鲜,则应在预冷库中拣选、切根、分级与包装。在保证子实体不冻结的情况下,贮藏温度愈接近冻结温度,则贮藏保鲜时间愈长。食用菌的冷藏温度一般为0℃~6℃,空气相对湿度为85%~90%。

(一)双孢蘑菇冷藏保鲜技术

贮藏蘑菇的最适温度为0℃,贮藏期为1~2周。美国规定的蔬菜最适贮藏条件中,蘑菇:0℃,空气相对湿度为90%。蘑菇的冰点因干物质含量而异,如干物质为6.4%时,冰点为-0.7℃;干物质为7.8%时,冰点为-0.9℃。短时间的冻结不会影响鲜菇的直接食用,但若将其移入较高温度下放一段时间后,呼吸强度明显上升。

(二)香菇冷藏保鲜技术

1. 适时采收 原料菇在采收前2~3天停止喷水。采收后整菇晾晒或用35℃热风脱水至含水量75%,即每100千克鲜菇干至

83~88千克。整菇在1℃~5℃冷库中预冷24小时,使菇体内外温度均匀,降低鲜菇呼吸强度。需要剪柄的鲜菇,预冷24小时后在1℃~5℃环境中剪柄。

2. 分级装筐 按菌盖大小分级,依次为:L级:盖径大于5.5厘米;M级:盖径4.5~5.5厘米;S级:盖径4~4.5厘米。各等级鲜菇定量装筐(专用塑料筐)。

3. 包装贮运 包装通常在外运前数小时进行。按商品规格要求将冷藏菇装入聚乙烯袋,称重并抽气密封,装入泡沫保鲜箱在低温下(1℃~5℃)贮运。在空气相对湿度80%~85%、温度1℃条件下,可贮藏14~20天。

短距离销售的冷藏菇出库时,先在20℃下放置8~12小时,然后上市。此步骤可缩小温差,防止菇表结露。远销冷藏菇必须用冷链贮运,进入超市置于低温货架销售。

(三)草菇冷藏保鲜技术

1. 适时采收 在蛋形期的初期采收,早、晚各采收1次,必要时每天多次采收。

2. 修整分级 逐个修整,按大、中、小分级装筐,每筐5千克左右。

3. 通风去湿 在20℃环境下,晾至菇表不黏手为准,约失重5%。

4. 中温贮运 筐箱周围用冰块降温,外用聚乙烯袋包裹,或用冷藏车装载,调温15℃~20℃,可安全贮运3~4天。

5. 注意事项 草菇冷藏温度不可低于10℃,以15℃~20℃为宜。采收与修整分级时最好戴塑料薄膜手套。采收后1小时内送至15℃~20℃的冷库中,可提高保鲜效果,延长草菇的货架期。

二、低温气调贮藏保鲜技术

(一)气调贮藏(CA)

采用调节贮藏环境中气体成分和浓度的办法来进行产品保鲜的一种贮藏方法,叫做气调贮藏,简称 CA 贮藏。气调贮藏主要是调节贮藏环境中氧气与二氧化碳的比例,有时加入氮气。气调贮藏是当前国际上水果生产中广为应用的最现代化的贮藏方法。适当降低空气的氧气分压和提高二氧化碳分压,有利于抑制菇体或植物的新陈代谢和微生物的活动,这是气调贮藏的理论依据。在控制气体组成的同时保持适宜的低温条件,可以使菇类获得最好的贮藏效果。

不同的食用菌,气调贮藏所要求的气体指标有差异。目前研究较多的蘑菇的气调贮藏,氧气含量降至 2%,二氧化碳含量升至 10% 左右,可以延长其贮藏的时间。

(二)限气贮藏(MA)

塑料薄膜封闭气调法亦称简易气调法或限气贮藏法,简称 MA 贮藏。在全国各地超市的冷柜内,经常可以看到用保鲜盒、保鲜袋包装的各种新鲜食用菌,如双孢蘑菇、鸡腿蘑、香菇、木耳、姬菇(小平菇)、真姬菇(蟹味菇)、杏鲍菇、白灵菇、金针菇、滑菇等。这些都是利用 MA 贮藏鲜菇的形式。MA 的贮藏效果,与鲜菇的成熟度、采收方法、采后预处理、包装材料和包装方法有关。例如,双孢蘑菇 MA 贮藏的鲜菇直径大小以 30~40 毫米为宜,通过轻采快削,用厚 0.05 毫米防雾 PE(聚丙烯)薄膜材料包装,每袋装菇约为总容积的 80%,贮藏的第三天单面打孔 2 个等措施,可有效降低双孢蘑菇贮藏过程中的褐变程度。双孢蘑菇 MA 贮藏中,采后适当进行预处理,鲜菇用 12 毫摩/升半胱氨酸、0.05% 维生素C、0.15% 无水亚硫酸钠浸泡 8 分钟,可以显著提高贮藏保鲜效果,抑制鲜菇褐变、抑制鲜菇破膜开伞。

进行 CA 贮藏或者 MA 贮藏时,保持适宜的低温条件(除草菇为 15℃ 外,其他食用菌均为 0℃~5℃),可以使鲜菇获得最好的贮藏效果。

三、其他保鲜技术

食用菌的贮藏保鲜,除了上述冷藏和低温气调贮藏两种方式以外,还有辐射处理、化学药品或植物生长调节剂处理、电磁处理及减压保鲜等多种方法。

(一)辐射处理

辐射处理用于食用菌贮藏保鲜的研究工作是 1963 年斯塔登开创的。40 多年来,这方面的工作取得了很大的进展,特别是在抑制蘑菇及草菇破膜、开伞方面,取得了很好的效果。利用这种新技术保藏食品有其优越的一面,与食品冷冻保藏的方法比较,能节约能源;与化学物质处理保藏食品的方法比较,它无化学物质的残留物。所以,辐射处理是一种较好的保藏食品的物理方法。但是,我国食用菌产地主要在农村,一般不具备辐射处理条件,因此,这种保鲜技术实用范围有较大的局限性。

(二)减压贮藏

减压贮藏是气调冷藏的进一步发展,是果蔬及其他许多食品保藏的一项新技术。这种新技术最早应用于番茄、香蕉的贮藏,效果明显。现已证明,减压贮藏对许多食用菌也很有效。减压贮藏的原理是降低气压,使空气中各种气体组分的分压(含量)都相应地降低,实际上创造一个低氧气分压的条件,从而起到类似气调贮藏的作用。

减压处理基本上有 2 种方式:定期抽气式(静止式)和连续抽气式(气流式)。前者是在贮藏容器抽气达到要求的真空度(如 10 132.5帕)后,便停止抽气,以后适时补氧气和抽气,以维持规定的低压。这一方式的弱点是不能随时排除容器内的有害气体(如乙烯、乙醛、乙醇等)。连续抽气式是在整个装置的一端用抽气泵连续不断地抽气排空,另一端则不断地输入高湿度的新鲜空气,通过控制抽气和进气的流量,达到整个系统保持一定的真空度。

(三)化学药品或植物生长调节剂处理

利用化学药品或植物生长调节剂处理产品进行贮藏保鲜的研究工作开展得较早,现已筛选出几种效果较理想的化学药品和植物生长调节剂可供生产上应用。

可供选用的化学药品和植物生长调节剂有:焦亚硫酸钠或亚硫酸钠、食盐、硫代硫酸钠、吲哚乙酸、萘乙酸、维生素 C 等。有机抗菌剂有:山梨酸(霉菌抑制剂)、苯甲酸(0.05%,对酵母的影响大于霉菌,对细菌效力极弱)、苯甲酸钠(0.07%~0.1%)、柠檬酸(抑制细菌的影响大于酵母)。

亚硫酸盐溶液在微偏酸性(pH 值 6)条件下,对酚酶抑制的效果最好。

目前,食用菌贮藏加工中应用较多的有柠檬酸、焦亚硫酸钠和食盐、维生素 C 等,它们均有抑制菇类变色、开伞和败坏的作用。

上述药物的使用浓度通常很低,有的为 0.1%,有的只有百万分之几。各种食用菌所适合的药物及其使用浓度,须经过试验决定,切忌盲目套用,以免造成损失。同时更要根据产品的销路,选用销售市场允许采用的方法。如用硫代硫酸钠漂白的蘑菇呈纯白色,这种产品(包括盐水菇和罐藏菇)只能内销或出口销往东南亚一带,无法进入美国市场,因为美国禁止进口漂白的蘑菇。

常用的化学药品和植物生长调节剂处理保鲜贮运技术:

1. 稀盐酸处理 用0.05%的稀盐酸溶液浸泡菇体,短期贮藏,可达到抑制褐变、减少开伞(保鲜)的目的。

2. 盐水处理 将鲜菇放入0.6%的盐水中,浸泡10分钟,捞出沥干水分,装在塑料袋内,在10℃～25℃条件下,经4～6小时,袋内蘑菇可成亮白色,这种鲜菇状态可保持3～5天。

3. 焦亚硫酸钠处理 先用0.01%焦亚硫酸钠溶液漂洗菇体3～5分钟,再用0.05%～0.1%焦亚硫酸钠溶液浸泡半小时,然后捞出沥干,装进塑料袋贮存,在10℃～15℃条件下,保鲜效果好,色泽可较长时间保持洁白。若贮存温度>30℃,仅能保鲜1天,以后则会逐渐变色。

在生产中将稀盐酸处理与焦亚硫酸钠处理,或将盐水处理与焦亚硫酸钠处理合用,效果更好。滤水干运或带药液湿运均可。

思考题

1. 食用菌保鲜有哪些主要途径?试论述低温CA保鲜的作用原理。
2. 食品加工中,常用的有机抗菌剂是哪几种?它们在抗菌、抑菌方面各有何特点?
3. 试选用不同的化学药剂,设计两套护色装运双孢蘑菇的方案。
4. 怎样进行双孢蘑菇、香菇的冷藏保鲜?
5. 简述草菇冷藏保鲜的技术要点及其注意事项。

第六章　食用菌盐渍与蜜饯加工技术

目前,国内盐渍加工的食用菌品种主要为盐水蘑菇、盐水滑菇(珍珠菇)、盐水平菇、盐水姬菇、盐水松口蘑、盐水牛肝菌和盐水猴头菌等;糖渍加工的食用菌产品主要是金针菇蜜饯、平菇蜜饯、银耳蜜饯、木耳蜜饯及香菇蜜饯等。盐水蘑菇可以作为罐藏蘑菇的原料,从而缓解罐头工业原料不足的矛盾。近年来,盐水蘑菇和盐水平菇也是我国大宗出口的食用菌产品之一。

在我国部分地区,也有把采集到的野生食用菌腌渍保藏的习惯,但加工量小。

一、盐渍与蜜饯加工原理

(一) 盐渍原理

食用菌盐渍加工时,常将鲜菇预煮(杀青)后再用饱和盐水浸泡,旨在增加菇体细胞膜的渗透性,尽快终止菇体细胞内生物化学变化(如酶促褐变),最大限度地保存菇体的营养价值与商品价值。同时,盐渍加工还利用食盐溶液的高渗透压对微生物的抑制或破坏作用,使菇体免遭其害而得以较长时间的保藏。

盐渍加工的食用菌产品含盐量可达25%,可以产生15 198.38千帕的压力,远远超过一般微生物的细胞渗透压,致使微生物不但无法从盐渍产品中吸取营养物质而生长繁殖,而且还能使微生物细胞内的水分外渗,造成"生理干燥"现象,使微生物处于休眠状态或死亡。这是盐渍加工品得以较长时间保藏的主要原理。

(二)糖渍原理

食用菌糖渍,就是设法增加菇体的含糖量,减少其含水量,使其制品具有较高的渗透压,阻止微生物的活动,从而使制品得以保存。与果蔬糖制品一样,食用菌的糖制品含糖量必须达到65%以上,才能有效地抑制微生物的作用。严格地说,含糖量要达到70%以上才安全,因为含糖量70%的制品其渗透压约为5 066.25千帕,微生物在这种高渗透压的食品中无法获得它所需要的营养物质,而且微生物细胞原生质会因脱水收缩而处于生理干燥状态,所以无法活动。虽然不会使微生物死亡,但也迫使其处于假死状态,只要糖制品不接触空气,不受潮,其含糖量不会因吸潮而稀释,糖制品就可以久贮不坏。

糖还具有抗氧化作用,有利于制品色泽、风味和维生素等的保存。糖的抗氧化作用主要是由于氧在糖液中的溶解度小于在水中的溶解度,并且糖浓度的增加与氧溶解度呈负相关,也就是糖的浓度愈高,氧在糖液中的溶解度愈低,由于氧在糖液中的溶解度小,因而也有效地抑制了褐变。

二、盐渍加工技术

(一)盐液的准备

食盐品质的好坏对盐渍产品的质量具有重要影响。食用盐常不同程度地含有杂质,其中化学性质活泼的有钙、镁、铁的氯化物和硫酸盐等,化学性质不活泼的有水和不溶物。食盐中的不溶物主要是指泥沙等无机物及一些有机物,包括硫酸钙、碳酸钙等。在盐溶液中,镁离子浓度达到0.15%~0.18%时,即可察觉出苦味,钙离子会导致产品质地粗硬,甚至在菇体表面留下斑痕,损伤外观。

普通食盐,特别是粗制晒盐,微生物的污染极为严重,常常混有嗜盐细菌、真菌和酵母菌或含有沙子。因此,在盐渍加工中,应使用精制盐。若没有这个条件,则应将盐水煮沸后静置片刻,取其上清液过滤备用。

一般地说,10％的盐水即可使微生物的生长繁殖受到抑制。但在食用菌的盐渍加工中,没有蔬菜腌渍加工中的乳酸发酵过程,因而不会产生具有防腐作用的酸类。同时,菇类盐渍加工中很少使用食品防腐添加剂,所以盐水浓度一般在22％左右。

用盐量按下列公式计算:

$$S=P(Y+W)/(100-P)$$

式中　S——100千克原料菇(鲜菇)应加食盐千克数

　　　P——盐液与盐水菇体中的食盐浓度百分率

　　　Y——鲜菇含水百分率(如鲜菇含水90％,$Y=90$)

　　　W——盐渍加工100千克鲜菇预计加入清水(升)数

如果采用腌渍加工,且只加食盐,不加清水,则上式为:

$$S=PY/(100-P)$$

式中　P——盐液浓度(％)

　　　Y——菇内水分(％)

　　　S——100千克原料菇应加食盐的千克数

用于蘑菇盐渍加工的盐水应有不同的梯度,随着盐渍时间的延长逐渐加大盐水浓度。如果一开始就将蘑菇放入高浓度的盐水中,菇体会在过大的"盐析"作用下而出现死菇色,菇体组织骤然失水,使菇体外表紧缩,产生皱皮。同时,因盐水浓度过高,会延长菇体组织与盐水中可溶性物质的交换平衡时间,影响盐水菇的品质。生产实践表明,将杀青后的菇体先放入转色盐水(浓度为8％～10％)中,使其自然渗透,待菇色转变成正常的黄白色后,再用较高浓度的盐水浸渍,就能使加工后的盐水菇具有较好的商品外观。

(二)盐渍工艺

1. 工艺流程

采收→分级→清洗→漂烫(杀青)→冷却→盐渍→调酸装桶→成品

2. 工艺要求

(1)采收与分级　供盐渍用的菇体,必须适时采收。采收时应轻摘轻放,以保持菇体完整,菇柄要求切削平整,拣弃染病菇、虫蛀菇、斑点菇、畸形菇等。

菇体的分级,可以按照客户要求或按照各种食用菌的通用等级标准,依菌盖直径、柄长、菇形等指标进行。即使客户要求是统菇,也应把大小菇分开,在杀青时才能掌握好时间,以保证杀青质量。

从采收到分级尽可能快地连续作业,运送时不能挤压,减少菇体破损。如果运送时间较长,最好先用0.6%盐水浸泡,或用冷藏车运输。

(2)清洗　清洗的作用是洗去菇体表面的泥沙、杂质,漂白菇体表面,防止鲜菇的氧化和褐变。通常是在1%盐水中清洗菇体。野生食用菌,如榛蘑、美味牛肝菌等,菇体表面通常杂质较多,有时还有蚊蝇,可用1%盐水反复冲洗。对于双孢蘑菇,先用清水充分冲洗菇的表面,然后浸入0.03%～0.05%的焦亚硫酸钠溶液中,漂白护色10分钟,再用清水冲洗3～4次,充分清洗菇体吸附的焦亚硫酸钠(国家卫食品生标准规定二氧化硫的残留量不得超过0.002%)。

(3)杀青　杀青兼有驱除菇体组织中的空气,破坏酶蛋白活性,防止褐变;杀死菇体细胞,破坏细胞膜结构,增强细胞透性,有利于盐分渗入组织,以及软化组织、缩小体积、增加塑性、便于加工等作用。

最好用铝锅杀青,若没有铝锅,也可以用铁锅,但不能生锈,否则菇体会变黑。先把水烧开,再倒入蘑菇(菇量以水量的30%~40%为宜),边煮边轻轻上下翻动,使菇体杀青均匀。捞出浮在表面的泡沫,煮至蘑菇熟而不烂,即可捞起冷却。杀青时间应视菇的种类和大小而定。通常,双孢蘑菇、白灵菇需要8~10分钟,平菇6~8分钟,金针菇、美味牛肝菌3~5分钟,榛蘑1~2分钟。

鉴别蘑菇杀青生熟的方法很多,通常采用剖视法或冷水沉浮法。剖视法是切开菇体观察,熟蘑菇的剖面为浅黄色,生蘑菇的剖面为白色。冷水沉浮法是把蘑菇捞出后放入冷水中,下沉者为熟菇,若上浮则是生的。

(4)冷却 冷却的作用是终止热处理。若冷却不透,热效应继续作用,会使蘑菇的色泽、风味、组织结构受到破坏,在盐渍时容易霉烂、发臭、变黑。

冷却的方法是将杀青后的蘑菇立即放入流动的冷水中,或用4~5只水缸连续轮流冷却。

(5)盐渍 先配制好22~24波美度(波美度是过去用于间接表示比重的单位,现改用密度表示。在15℃下,1波美度相当于1.007克/厘米^3)的盐水,由2层纱布过滤去除杂质。把充分冷却的蘑菇浸入盐水中,经过1~2天,因盐分慢慢渗入菇体,盐水的咸度会降至15~16波美度。这时应转缸,把蘑菇捞出转到22波美度的盐水中浸泡,再经2天,又转缸1次,用23~25波美度盐水,1周后菇体咸度就可达22波美度。通过转缸可以使盐分均匀分布并排除不良气体。

由于转缸的工作量大,而且浪费食盐,目前也有人不转缸,而直接加盐,即每日测定盐液咸度,直接加入精盐,使盐水咸度升至22波美度,直至盐水咸度不再下降,维持在22波美度。

在盐渍过程中,要用竹笪(竹帘)把蘑菇压下,使盐水没过菇面,以免露出水面的蘑菇变黑甚至腐烂。

为了检查蘑菇的咸度是否达到22波美度,可捞起少量蘑菇放入配好的22波美度盐水中,若下沉,证明蘑菇已达22波美度,若上浮,就是咸度还没达到,需要继续盐渍。

(6)调酸与装桶 用调酸(pH值3～3.5)饱和盐水装桶。调酸饱和盐水配制方法:99份饱和盐水加1份调酸剂。调酸剂配方为:偏磷酸钠55%、柠檬酸40%、明矾5%。如果用调酸剂调节仍不能使盐液pH值降至3.5,可再单独加入柠檬酸。

装桶时,在包装桶内先倒入少许上述盐水(以防倒菇时碰坏蘑菇),按一定的重量标准倒入盐渍好的菇体,再加满上述盐水,压下内盖,把菇体压没液面,并旋紧外盖,贴好标签,进库贮存。定期检查产品质量及盐液,若发现盐液咸度不够或酸度不够,应及时调整。

(三)盐渍加工实例

1. 蘑菇 将采下的新鲜蘑菇及时削平菇柄,并进行分级,然后按下列工艺进行加工。

(1)漂洗护色 先用清水洗去菇体表面的泥沙杂质,捞起浸入0.03%～0.05%的焦亚硫酸钠溶液中,经常上下翻动,护色10分钟,最后捞入清水中漂洗3～5次,以洗去残留在菇体表面的焦亚硫酸钠。

(2)漂烫(杀青) 先把水烧开,再放入漂洗过的蘑菇,边煮边上下翻动。捞去浮在表面的泡沫,煮至蘑菇熟而不烂,即可捞起冷却。一般水沸后8～10分钟就可煮熟。锅里的水可连续煮5～6次,再换清水。漂烫水可用浓度5%～6%的盐水,也可以用清水。

(3)冷却 将漂烫后的蘑菇立即放入流动的冷水中冷却,或用4～5只水缸连续轮流冷却。

(4)盐渍 盐渍方法有两次盐渍法和多次加盐盐渍法2种。

①两次盐渍法:冷却后沥去清水,先把菇放到浓度为15%～16%的盐水中盐渍3～4天,使盐分向菇体中自然渗透,蘑菇逐渐

"转色",称为"定色"。然后将蘑菇从15％~16％盐水中捞起,沥干,再放到23％~25％盐水内。有条件的,在开始几天最好每日转缸1次,发现盐水浓度低于20％时,应立即加盐补足,或倒出一部分淡盐水,倒入饱和盐水调整。盐渍1周后,当缸内盐水浓度不再下降,稳定在22波美度左右时,即可装桶。

②多次加盐盐渍法:将冷却后的蘑菇装入木桶(或陶瓷缸中),加入8~10波美度盐水至淹没蘑菇,用竹笪或木板把蘑菇压在液面下面,防止蘑菇浮起露在空气中腐烂而变黑、发臭。经盐渍4~6天,咸度会降至2~3波美度,蘑菇由灰白色逐渐转白色,又再慢慢转黄色。当蘑菇色泽转到浅黄色或黄色时,就要及时提高咸度,防止发酵过度变酸。为了方便,可以直接加食盐(最好用精盐)。盐渍所需要的盐最好分批加入,逐渐加大咸度,可使盐分渗入组织的速度加快,缩短达到平衡的时间,而且蘑菇舒展饱满,富有弹性。盐渍的具体方法是:每日加入一定量的食盐(为菇和盐水总重量的4％~5％),使咸度每日提高4~5度,直到咸度稳定在22波美度以上时,停止加盐。为了检查蘑菇组织与盐水咸度是否达到平衡,可捞取少量蘑菇放入配好的22波美度盐水中,若下沉,证明已达到平衡;若上浮,就是还没有达到平衡,要继续盐渍。一般来说,盐渍过程需要20天,每100千克菇(漂烫后的重量)需用35~40千克食盐。

(5)装桶与调酸　将已盐渍好的盐水蘑菇捞起,沥去盐水,约5分钟后称重,装入塑料桶内。根据塑料桶的型号大小,每桶定量装入25千克、40千克或50千克。然后在桶内灌满新配制的22波美度的盐水,用0.4％~0.5％柠檬酸溶液调节pH值至3~3.5,并加盖封存。或用柠檬酸、偏磷酸钠、明矾配制调酸饱和盐水,调节pH值至3~3.5,再灌入桶内。

2. 草　菇

(1)采收　草菇长到鸡蛋大小(蛋形期)、饱满、光滑、伞盖与伞柄即将破裂时质量最好。开伞后不宜做盐水草菇。采后立即整理菇脚,削去杂质。

(2)清洗　用清水漂洗,洗去菇体表面的泥沙。

(3)杀青与冷却　将洗净后的草菇放入沸水中煮3~5分钟,以煮透菇体中心为度。煮后立即捞起放入冷水中,冷却直至菇体中心凉透为止,否则容易长霉、腐败。杀青时可用清水煮,也可用5%~7%盐水煮。

(4)盐渍　盐渍按一层盐一层菇的顺序装缸,装至大半缸时,向缸内倾入饱和盐水(100升水加40千克盐煮沸溶解,用纱布过滤,冷却,取上清液倒入缸内)。盐渍时饱和盐水一定要没过菇层,上面压重物。如果草菇露出盐水,就会在空气中变色、腐烂。

(5)转缸　在盐渍过程中要转1次缸,以促使盐分均匀,排除不良气体。如有不良气体生成,说明盐度不够,还需加盐。

采用此法盐渍草菇20天左右即可调酸装桶外运,可以使草菇安全保藏2~3个月。

(6)食用　把盐渍草菇放在清水中浸泡脱盐,或在0.1%柠檬酸液中煮8分钟脱盐,再在清水中漂酸,即可食用。

3. 平　菇

(1)采收　当菌盖白色或近白色、边缘稍内卷、担孢子尚未大量释放(一般子实体形成3~5天)时即可采收。通常平菇八成熟时采收为好。采收太早,影响正常生长,产量低;采收太迟,菌盖易裂,肉质脆而老化,孢子大量释放,品质降低。

(2)菇体的整理及清洗　采下的平菇,用刀削根,削平削齐,留柄2~3厘米。要根据客户的要求进行分级,即使对方要求统菇,也要按大小分开,这样加工时才能保证质量。叠生菇体必须分成单叶,菇盖尽量保持完整,破碎率控制在5%以内。然后用清水浸泡洗涤,洗去尘埃、泥沙等杂质。

(3)杀青　用旺火把水烧开,将洗净的平菇放入沸水中,每次投入量不要太多,一般每100升水加10~20千克鲜菇,水沸后再煮 5～10 分钟,视菇体大小而灵活掌握。当菌柄中部无夹生的白心,就可捞出,绝对不要达到烂的程度。煮时要用铝漏勺轻轻翻动,使菇生熟一致。10 千克鲜平菇经杀青后,重 9 千克左右。

(4)冷却　煮熟后立即捞出放入冷水中冷却,要快冷,冷透至菇体内的温度不超过 16℃。冷却后全部沉入水中说明煮熟,如果浮起不下沉,撕开菇柄,肉色不变,应捞出重煮 1 次。

(5)盐渍　把充分冷却后的平菇捞起,沥干水分,置于大缸内进行盐渍。一层精盐一层菇,菇层厚约 5 厘米,最好用精盐(100 千克鲜菇加 24 千克盐)。装满后注入饱和盐水,使咸度为 22～24 波美度,然后在缸面盖一层纱布,加上竹箅,再压上石头。经常测定盐水咸度,当盐水咸度低于 22 波美度时,要及时加盐。一般盐渍 15 天即可包装。

(6)装桶与调酸　把盐水菇捞出,放入包装桶内,加入调酸饱和盐水。调酸饱和盐水制法:99 份饱和盐水加 1 份调酸剂。调酸剂配方为:柠檬酸:偏磷酸钠:明矾=50:42:8。调酸盐水加入量应按客户要求,通常以浸没菇体为度。包装前要检查盐水的 pH 值与咸度,冬季 pH 值 3.5 以下,夏季 pH 值 3 以下,达不到时用柠檬酸调整。如果咸度达不到 22 波美度,需再添加食盐,调整到 22 波美度,否则易变质腐烂。

4. 凤尾菇

(1)菇体处理　将菇体按等级分开,切平菇柄,留柄长 3 厘米,用清水洗净。

(2)杀青与冷却　配制 10% 盐水,在锅内烧开,放入洗净的凤尾菇,水开后再煮 1 分钟左右。煮沸时间不能过长,否则影响菇形复原。煮后立即投入冷水中冷却,换水或用流水冲凉,要冷却透。每 100 千克鲜菇可得熟菇 90 千克左右。

(3)盐渍　在缸底铺一薄层精盐,加一层菇(约 5 厘米厚),这样一层盐一层菇地装缸;最上一层还要多撒些盐。加盐量按 50 千

第六章 食用菌盐渍与蜜饯加工技术

克鲜菇加12千克精盐。装完后灌注盐水,按100升水加入24千克盐及200克柠檬酸配制盐水,盐水高出菇面,压上一片竹笪,再压重物,使菇体不要露出液面,盖上纱布以免落入尘埃等杂物。

(4)倒缸　浸渍7天后倒缸,使菇体盐渍均匀,并检查盐水浓度是否达到22波美度。如果浓度偏低,则可按上述配方加入盐水。14天后再倒1次缸,将盐水的浓度调到22波美度。

(5)装桶与调酸　将盐渍好的凤尾菇捞出沥干,至卤水断线不断滴时称重装桶,加入调酸的饱和盐水(pH值降至2.5～3.5),先用内盖浸没菇体,再旋紧外盖,密封贮运。

(6)装桶　盐渍凤尾菇是外贸出口的主要方式。凤尾菇比平菇更适宜盐渍,因为凤尾菇菌盖有韧性,不易破裂,菌柄较短,去柄率仅为平菇的1/3。盐渍品风味好,适口性强。

进行平菇、凤尾菇的盐渍加工,必须当日采收,当日加工。最好在菇场(菇房)附近就地加工,以减少破损,减少运输费用,实现优质高效的加工目标。

5. 金针菇

(1)清理菇体　采后及时切去根部,并用清水洗净,沥干。

(2)护色处理　金针菇(黄色种)采后,见光易氧化褐变,使颜色加深,从而降低了商品质量,因此,采后应尽快进行护色处理。将洗净后的金针菇浸入0.05%焦亚硫酸钠溶液中,护色处理10分钟,并经常上下翻动,使菇体处理均匀。然后捞出,用清水冲洗3～5次,洗去残留的焦亚硫酸钠。

(3)杀青与冷却　杀青用水加入0.2%柠檬酸和10%食盐,水∶菇为5～10∶1。用旺火把杀青水烧开,放入已经护色的金针菇,水沸后杀青3～5分钟,捞出用冷水迅速冷却。

(4)盐渍　把经杀青的金针菇放入塑料桶或缸内,加入饱和盐水,并在饱和盐水内添加2%的柠檬酸。盐水必须淹没菇体,并用竹笪压下菇体,绝不能让菇体浮出液面,以防腐烂。每日测定盐水浓度,若咸度降至 20 波美度以下,应加盐至 22 波美度,经过 7~10 天,菇体的咸度就可与盐液的咸度达到平衡。

(5)装桶与调酸 已达平衡的金针菇,捞起装入统一规格的塑料桶内,加入调酸的饱和盐水,即在饱和盐水中加入 0.5% 的柠檬酸。盐水必须加满,盖上内盖,把菇体压没液面,旋紧外盖,贴上标签,入库贮存。

6. 猴头菌

(1)菇体整理 将鲜猴头菌切去带苦味的菌柄(菌带),用清水洗净。

(2)护色处理 用 0.05%~0.1% 焦亚硫酸钠溶液浸泡 10~20 分钟,使菇体变白色。用 2 份溶液浸泡 1 份鲜菇,这样可以使菇体充分接受溶液,接着用清水冲洗 3~5 次。

(3)杀青与冷却 用 9% 的盐水煮 3~5 分钟,这种盐水可连用 3~5 次,但每次应加入适量的盐。杀青后的菇即用冷水冷却。

(4)盐渍 在缸内先撒一层精盐,再铺一层菇,就这样一层菇一层盐装缸,盐和鲜菇的比例是 40∶100,最后注入饱和盐水。经过 20 天左右的盐渍,菇体咸度达到 20~22 波美度时,便可装桶。

(5)装桶与调酸 一般用塑料桶分装,将盐渍好的猴头菌从缸内捞出,沥干至滴卤断线不断滴时称重,按规定重量装入塑料桶内,然后加入调酸的饱和食盐水,至盐水 pH 值为 3~3.5,盖上桶盖,在桶外注上标记和代号,入库保存或运销。

7. 滑菇

(1)采收标准及菇体整理 滑菇以不开伞、菌盖直径 2~4 厘米、柄长 3~4 厘米为采收标准。

把采下的鲜菇根部切齐,保留嫩柄 1~3 厘米,切去老化部分,挑出异色菇、虫菇、破损菇,并进行分级。用 1% 盐水清洗黏附在菇体表面的泥土杂物,洗净后捞出沥干。

(2)杀青与冷却 先在锅内放 15% 盐水,盐水煮沸后把滑菇放

第六章　食用菌盐渍与蜜饯加工技术

入,大火煮1～2分钟后捞出。50升盐水约加20千克鲜菇,并不断搅动,使菇体均匀地被煮熟。杀青盐水只能使用3次,而且在第二、第三次时,要酌情加入精盐。杀青后立即捞到冷水中充分冷却。

(3)盐渍　滑菇的盐渍有一次盐渍法和二次盐渍法。

①一次盐渍法:菇盐比例为10∶7或10∶8。先在容器的底部撒上1厘米厚的精盐,再放上2厘米厚的滑菇,这样一层盐一层菇相间,直到装满容器为止,再加2厘米厚的盐封面,盖竹笪后上压石块,再注入饱和盐水淹过竹笪1厘米,以防菇体露出盐水外面而腐烂、变色。盐渍时间为25～30天。

②二次盐渍法:第一次盐渍10天,倒缸后第二次再盐渍20天。菇盐比例为10∶4,第一次的盐渍水第二次不能再用。其余操作方法与一次盐渍法相同。

(4)装桶与调酸　盐渍好的滑菇色泽正常、菇体完整、鲜嫩挺实、无异味、无霉变腐败。成品装桶前沥干盐水,每桶装70千克成品菇,装桶前先撒一层精盐于桶底,然后一层菇一层盐,最上层菇用盐覆盖。每桶用盐5千克。装好后注入调酸(pH值降至2.5～3.5)饱和盐水。盖严桶盖,桶外标明品名、等级、毛重、净重和产地代号。

(四)盐渍过程中腐败变质原因及防止措施

食用菌在盐渍过程中或在较长一段时间贮藏后(3个月以上),经常出现以下几种情况。

1. 醭膜或菌花　醭膜是灰白色或乳黄色、具有皱纹的膜状物,浮在盐水面上,是由产膜酵母菌或伪酵母菌在盐水表面生长所产生的。菌花是乳白色、光滑的膜状物,是由酒花酵母菌产生的。这些微生物都属好气性、抗盐耐酸的微生物,能够氧化糖、乙醇、醋酸及乳酸等而生成二氧化碳和水,对盐水菇的品质有不良的影响。

要控制这些微生物活动,有2个方法:一是加满盐水,旋紧盖子,隔绝空气,形成无氧状态,使这些好气性微生物因缺氧而不能生长。二是盐水咸度升至22波美度以上,pH值降至2.5以下,也可再加入0.05%～0.1%的防腐剂(苯甲酸或苯甲酸钠)。

2. 上层菇体腐烂发臭 由于菇体浮出液面,接触空气,促进了细菌活动,分解菇体营养产生吲哚、甲基吲哚、硫醇、硫化氢等有毒气体,产生恶臭。

克服办法是注意不让菇体浮出液面,用竹笪、卵石压住。

3. 菇体慢慢变黑 由于杀青不彻底,菇体没煮熟,菇体内的酶没有完全被破坏,在蛋白质水解酶的作用下,蛋白质水解成氨基酸,氨基酸中的酪氨酸在酪氨酸酶的作用下,氧化生成黑蛋白。此外,细胞中的氨基酸与还原糖作用也可以生成黑色物质,使菇体变黑。

克服办法:一是杀青要彻底,菇体煮到熟而不烂;二是装桶时,加入0.4%～0.5%的柠檬酸,就可使菇体呈淡黄色。

4. 菇体变蜡黄色,盐液浑浊、发酸、变味 这是由于盐渍时盐水浓度太低,乳酸菌和异型乳酸菌进行发酵活动,降解菇体,产生乳酸。克服办法是注意检查盐水咸度,控制在22波美度以上。

三、蜜饯加工技术

(一)蜜饯生产工艺

1. 分级 加工蜜饯时希望制品品质一致,因此须用成熟度、大小一致的原料。成熟度和大小不一,需要不同的煮制时间,如混在一起,品质无法均一,质量就会降低。

2. 菇体整理及切分 鲜菇需经挑拣,剔除病菇、虫菇、斑点菇及严重畸形菇。削去老化的菇柄或带基质的柄蒂。用清水漂洗干净,因蜜饯产品是直接食用的,绝对不能混有杂质,以保证食品卫生。然后用不锈钢刀把菇体切成小块,以利于缩短糖煮时间,也便于食用。一般切成3～4厘米见方。

3. 杀青 与盐渍加工中原料菇的杀青操作相同。

4. 菇坯腌制 菇坯是以精盐为主腌渍而成的,有时加少量明矾或石灰等使之适度硬化。精盐有固定新鲜原料成熟度、脱去部分水使菇体组织紧密、改变细胞组织的渗透性、以利于糖渍时糖分的渗入等作用。

菇坯的腌制过程为腌渍、暴晒、回软和复晒。主要操作是腌渍,盐渍液用10%左右的盐水,可再加0.1%～0.3%的明矾和0.25%～1%的石灰,盐渍时间需2～3天。但大多数食用菌蜜饯加工时都不需要进行腌制处理。

5. 保脆和硬化 保脆和硬化处理是将菇体放在石灰、氯化钙或亚硫酸钙等稀溶液中,浸渍适当时间。也可以在腌坯时或腌坯漂洗脱盐时,加少量石灰和明矾等硬化剂进行硬化保脆。菇体经过硬化保脆,可以避免在糖煮时软烂、破碎。

6. 硫处理 蜜饯加工中为了获得色泽明亮的制品,可在糖渍前进行硫处理。即将菇体浸于含0.1%～0.2%二氧化硫的亚硫酸溶液中数小时。经硫处理后,在糖渍时,要用清水漂洗,去除剩余的亚硫酸溶液。大多数食用菌蜜饯加工都没有进行硫处理。

7. 染色 为了增加食用菌蜜饯的色泽,常需人工染色。染色用的食用色素有天然色素和人工色素2类。天然色素直接取自植物组织,如姜黄、栀子黄、胡萝卜素、叶绿素等。但天然色素因着色效果较差,使用也多不便,所以生产上正逐渐被人工色素所替代。

人工色素有3 000多种,但认为食用无害的却为数不多。为了保障人体健康,各国都有法定的食用色素,我国规定暂作食用的人工色素有苋红素(苋紫)、胭脂红(大红4R)、肼黄(柠檬黄)、靛蓝(酸性靛蓝)和苏丹黄5种。其中肼黄和靛蓝混合调配,可调作绿色色素使用。人工色素使用时不可过量,以免失真和影响风味。以上色素的用量为色素液浓度不超过0.01%。

菇体染色时可直接浸入色素液中着色,或将色素溶入稀糖液中,使菇体在糖制的同时也进行着色。为了增进染色效果,常以明矾作媒染剂。

8. 糖渍 糖渍是蜜饯加工的主要操作。蜜饯类就其加工方法而论,大致为加糖煮制(糖煮)和加糖腌渍(蜜制)。

大多数食用菌均可采用加糖煮制法。该法糖渍时间短,加工迅速。加糖煮制可分为敞煮和真空煮2种方法。敞煮又有一次煮成和多次煮成之别。

一次煮成是把菇体与糖液合煮,一次煮成。多次煮成是把菇体与糖液合煮,分2~5次进行,第一次煮制的糖液浓度约为40%,煮沸2~3分钟,冷却8~24小时;第二次煮制时糖浓度增加10%,如此反复进行糖渍。

9. 烘晒和上糖衣 干态蜜饯糖渍后进行烘烤或晾晒,制品干燥后含糖量应接近72%,水分含量不超过20%。

干燥后的蜜饯浸入过饱和糖液中沾湿,立即捞起,再进行一次烘晒,使其表面形成一层透明状糖质薄膜,该操作称为上糖衣。大多数食用菌可通过上糖衣而提高品质。也可在糖煮后,待蜜(饯)坯冷却至50℃~60℃时,均匀地拌上白砂糖粉末,俗称"粉糖",即得蜜饯成品。

10. 整理与包装 食用菌蜜饯在干燥过程中易结块,要加以整理。蜜饯的包装应以防潮、防霉为主,最好是用罐头瓶密封包装。也可用塑料袋、塑料盒密封包装。若用纸盒包装,也需用塑料袋密封。

(二)蜜饯加工实例

1. 小白平菇

(1)配方 新鲜小白平菇80千克,白糖45千克,柠檬酸0.15千克。

第六章 食用菌盐渍与蜜饯加工技术

(2)选料 选八九成熟、色泽正常、菇体完整、无机械损伤、朵形基本一致、无病虫害、无异味的合格菇为坯料。

(3)制坯 用不锈钢小刀将小白平菇菇脚逐朵修削平整,菇柄长不超过1.5厘米,规格基本一致。

(4)灰漂 将鲜菇坯料放入5%石灰水中,每50千克生坯需用70升石灰水。灰漂时间一般为12小时,用竹笪把菇体压入石灰水中,以防上浮,使坯料均匀浸灰。

(5)水漂 将坯料从石灰水中捞起放于清水缸中,冲洗数遍,将灰渍与灰汁冲净,再清漂48小时,期间换水6次,将灰汁漂净为止。

(6)燎坯 将坯料置于开水锅中,待水再次沸腾、坯料翻转后,即可捞起回漂。燎坯亦称预煮(杀青)。

(7)回漂 将燎坯后的坯料放在清水池中回漂6小时,期间换水1次,然后喂糖。也有将此道工序省去的,燎坯后直接喂糖。

(8)熬制糖浆 以每锅加水35升计,煮沸后,将65千克白糖缓缓加入,边加边搅拌,再加入0.1%柠檬酸,直至加完拌匀,烧开2次即可停火。煮沸中,可用蛋清或豆浆水去杂提纯,用4层纱布过滤,即得浓度为38波美度的精制糖浆。若以折光计校正糖液浓度,约为55%,pH值为3.8~4.5。

(9)喂糖 把晾干水分的坯料倒入蜜缸中,加入冷的精制糖浆,浸没坯料。喂糖24小时后,将菇捞起另放,糖浆倒入锅中熬至104℃时,再次喂糖24小时。糖浆量宜多,以坯料能在蜜缸中搅动为宜,即行话所说"糖浆要宽,坯料要松"。

(10)收锅 也叫煮蜜。将糖浆与坯料一并入锅,用中火将糖液煮至"小挂牌",至温度达到109℃时,舀入蜜缸,蜜置48小时。由于是半成品,其蜜置时间可长达1年而不坏。如急需食用或出售,至少需蜜置24小时。如果一时销售不完,仍可回缸蜜置保存。

(11)起货 也称再蜜。将新鲜糖浆熬至114℃,再与已蜜置的坯料一并煮制,待坯料吃透蜜水,略有透明感,糖浆温度仍在

114℃左右时,捞出坯料放入粉盆(上糖衣的设备),待坯料冷却至50℃～60℃时,均匀地拌入白糖粉(粉糖),即为成品。

(12)成品检验　成品检验标准如下。

①规格:菇形自然,均匀一致。

②色泽:浸白色。

③组织:滋润化渣,饱糖、饱水。

④口味:清香纯甜,略有平菇风味。

2. 凤尾菇　凤尾菇蜜饯制作与小白平菇蜜饯的加工工艺基本一致,下面3点需加以注意:

(1)制坯　用不锈钢小刀将凤尾菇菇脚修削成尖形,状如凤头嘴角,以提高产品的外观品质。

(2)套色　该工序应放在前面讲的"回漂"与"熬制糖浆"工序之间。产品套色与否,应根据消费者的喜好,若不套色,该工序就可省去;若需套色,可按下面工艺进行。

套色有"冷套"和"热套"两种方法。"冷套"是在回漂后套色;"热套"是回漂后将坯料用热水适当加温,再滤起套色。一般以热套效果较好。套色用的色素应符合国家规定的标准。套色时要搅拌色水,使坯料吃透,边煮沸,边搅拌,当坯料放入冷水中浸泡不褪色时,即可捞出沥干(多余色素液可留用)。注意火不能过大、过猛,煮的时间不能过长。食用色素以天然黄色素为好,尽可能不用人工合成的色素。

(3)成品检验标准

①规格:菇朵均匀一致,体形完整。

②色泽:浸白色至浅赭色,或淡黄色。

③组织:滋润化渣,饱糖饱水。

④口味:清香纯甜,略有凤尾菇风味。

3. 银耳　选取优质银耳,置于70℃～80℃温水内浸泡30～40分钟,耳片充分吸水散开后,用手将耳片撕下,并撕成2～3厘米大小。沥干耳片,晒 30 分钟,稍晾干,以利于糖渍。以湿耳片 1 千克、白糖 3 千克的比例混匀后,在铝锅内加热,控制火候,徐徐搅拌,待糖全部化开呈黏稠状时,依次加入 0.3％柠檬酸(以湿耳重量计)、0.2％琼脂、0.2％香兰素,糖分变稠时起锅,糖渍时间为 40～60 分钟。将糖渍银耳摊放在瓷盘内,分开耳片,晾干,冷凝后,即可包装。

4. 木耳

(1)木耳糖加工工艺　将赤砂糖 500 克置于铝锅中,加水少许,以小火煎熬到较稠厚时,加入木耳细粉 200 克,调匀,即停火。趁热将糖倒在表面涂过食用油的大搪瓷盘内,待稍冷,将糖压平,用刀切成小块,冷却后,即成棕黑色木耳糖。木耳糖为保健食品,有清肺解毒功用。

(2)木耳蜜饯加工工艺　选用优质鲜木耳,切去耳基部分,冲洗干净,将大小不一的耳片切成宽 1 厘米左右的条状,晾晒 1 小时,以利于糖渍。如果是选用干耳,则需放在 70℃～80℃的温水中浸泡 30～40 分钟,待耳片充分吸水散开后,再切成条状。

按鲜耳 1 千克、糖 3 千克的比例,拌和均匀,放入铝锅或铁锅中煮,控制火候,前期温度可高些,后期要用文火加热,并徐徐搅拌。待糖溶化后,依次加入 0.3％(以湿耳重量计)柠檬酸和 0.2％琼脂。待糖液熬至黏稠时(约 38 波美度),即可起锅,加热时间为 40～60 分钟。

煮制结束后,捞起沥干糖液,放在瓷盘中,分开耳片,在 60℃～70℃下烘 1～2 小时,烘至表面干燥、手捏无糖液挤出时,即可装入塑料袋内,密封保藏,谨防受潮。为了不使耳片黏结成块,亦可上糖衣(粉糖),这样效果更好。

5. 金针菇

(1)金针菇蜜饯制作技术　将残次金针菇及加工罐头金针菇的下脚料加工成蜜饯,具有一定的经济价值,可充分利用金针菇,减少浪费。

①热烫:将金针菇洗净,在 90℃～100℃ 的热水中漂烫 1～3 分钟,立即冷却,沥干水分。

②硬化保脆:用 0.5% 的氯化钙溶液浸泡漂烫好的金针菇 3 小时,菇水比为 1:1.5,再漂洗干净,沥干水分。此工序亦可省去。

③浸冷糖液:将沥干水的金针菇浸泡在 40% 的冷糖液中,时间为 3～5 小时。

④糖煮:配制 65% 的糖液,煮沸,把冷糖液浸渍好的金针菇倒入,大火煮沸,再以文火(以微沸为度)熬制 1～2 小时,再加入 1% 的柠檬酸,继续熬煮至糖液浓度达 70% 左右(用糖度计测定)、外观呈金黄透亮时即可出锅。

⑤烘干包装:将上述金针菇摊放在瓷盘上,放入烘房(箱)内,于 50℃～60℃ 下烘约 5 小时,要经常翻动,至蜜饯晶莹透亮、基本不黏手时,即可取出晾冷,用玻璃纸包好,再装入塑料袋中。

金针菇蜜饯酸甜可口,色泽金黄透亮,具有一定的"咬劲",营养丰富,尤其受儿童、妇女欢迎。

(2)金针菇糖渍技术 选用质量好的金针菇,置于蒸笼中杀青后,取出晾晒 1～2 天,然后加入白砂糖,用量为金针菇重量的 30%,边晾边拌,第四天即成,再加入少量香油调味便可装箱存放。亦可把杀青后的金针菇用 70% 的糖液煮 10 分钟,捞出后沥去多余糖液,晾晒至半干,便可装袋保存。

6. 蘑菇

(1)选料 制作蘑菇蜜饯的原料应选无病斑、无虫蛀、未开伞、菇体中等大小的蘑菇。留柄 0.5 厘米左右,洗净。

(2)盐水浸泡 将采收后的蘑菇立即投入 1%～2% 的食盐水中浸泡 4～6 小时,以增强菇体的硬度和驱除菇体的异味。

(3)杀青 将盐水浸泡过的蘑菇倒入沸水中煮沸 10 分钟左右,立即冷却,以破坏菇体中的氧化酶,防止菇体褐变,同时也增加菇体的韧性。

(4)修整　通过修整,使原材料大小一致,外形美观、整齐,以利于加工与销售。

(5)漂洗护色　将修整好的菇体浸入 0.02% 焦亚硫酸钠溶液中,浸泡 8~10 分钟。

(6)漂洗　用清水浸泡菇体,冲洗去残留的焦亚硫酸钠药液。

(7)糖渍　在清洗干净的菇体中加入 40% 的糖液,糖渍 24 小时,然后滤出糖液,调糖度至 50 波美度,煮沸 10 分钟左右,浸泡 24 小时。

(8)糖煮　采用逐渐加糖的方法将菇体煮制至呈透明状时,立即停止。糖液的终点浓度应达到 65 波美度以上,浸泡 24 小时。

(9)烘烤　把糖煮好的菇体捞出沥干,放入烘房中进行烘烤,烘烤温度为 70℃左右,至菇体呈透明而不黏手时停止。

(10)包装　用塑料袋密封包装,即为成品。

(11)产品质量检验

①外观和口感:色泽:浅琥珀色或金黄色,透明有光泽;外形:美观别致,具有蘑菇外形特征,在规定期限内不返砂、不流糖;口感:柔韧而不坚硬,甜酸适口,后味尤长,无不良气味或杂味。

②理化指标:可溶物 65%~70%,水分 14%~18%。

③卫生指标:大肠杆菌群为≤30 个/100 克;细菌总数为≤750 个/克;致病菌不得检出;食品添加剂符合 GB 2760—81 规定。

7. 香菇　香菇蜜饯以香菇柄为主要原料制作而成,口感软润,酸甜可口,无纤维感,呈浅褐色。

(1)选料浸泡　选择无褐变、无霉变、有香菇香味、大小适中的菇柄。将菇柄在清水中浸泡 4~6 小时,以达到纤维初步软化和去除异味的目的。

(2)压干整形　浸泡后捞出,剪去蒂头,剔除不合格的菇柄,经清水漂洗干净后于压干机上压至水分含量 65% 左右。将大小不一的菇柄切成长 2 厘米、厚 0.5～1 厘米的条,使外形美观,同时便于以后煮制和烘干工序的进行。

(3)加糖煮制　先配制 50%的糖液,再倒入整形后的菇条,于锅中烧煮,不断搅拌。糖液与菇条比例约为 1∶1,每 10 分钟加 3%的糖,糖液浓度煮至 68 波美度左右时即可出锅。整个煮制时间约 1 小时,前期温度可高些,后期要以文火烧煮。在煮制过程中,要注意控制糖的浓度和温度,特别是终点时糖的浓度要低于 65 波美度,以保证成品不软化,较有咬劲,糖浓度高于 70 波美度时,易焦糖化。煮制过程温度太高也容易加剧产品的褐变。

(4)烘干包装　煮制结束后,捞起沥干糖液,于烘盘中在 60℃～70℃下烘 1.5～2 小时,烘至表面干燥、手捏无糖液挤出、食用无纤维感时为宜。烘干程度影响产品的口感,须特别注意。烘干后应及时包装,密封保藏,谨防受潮。

若以整菇来制作蜜饯,其质量更佳。最好选用尚未开伞的菇蕾或菇丁做原料,加工技术同上。

思 考 题

1. 普通蔬菜腌制加工与食用菌盐渍加工有哪些区别?
2. 简述食用菌盐渍加工中杀青的作用及杀青方法。
3. 简述平菇盐渍加工的工艺流程及其漂烫和配制饱和盐水的技术要点。
4. 盐水蘑菇败坏的症状及其原因是什么?怎样防治?
5. 举例说明食用菌蜜饯的加工工艺及技术要点。

第七章　食用菌干制加工技术

新鲜食用菌经过自然干燥或人工干燥,使水分含量减少到13%以下,称为食用菌干制。我国劳动人民在长期的生产实践中,创造和积累了食用菌干制的宝贵经验和技术。许多食用菌干品,如香菇、黑木耳、银耳、草菇、竹荪等都是驰名中外的名贵食品。

食用菌干制亦称烘干、干燥、脱水等,它是在自然条件或人工条件下促使菇体中水分蒸发的工艺过程,也是一种既经济又大众化的加工方法。其优点是:干制设备可简可繁,生产技术容易掌握;可以就地取材、就地加工;干制品耐贮藏,不易腐败变质;对于有些食用菌(如香菇),经过干制加工,可增加风味;食用菌干制有利于解决食用菌周年上市问题。

一、干制原理

食用菌干制是将菇(耳)中的水分减少,将可溶性物质的浓度增高到微生物不能利用的程度;同时,使菇体本身所含酶的活性受到抑制,从而使食用菌干品能够长期保存。

二、干制技术

(一)菌类选择

适宜脱水的菌类干制后不影响品质,有的还能增进其风味与适口性,如口蘑、香菇、猴头菌、榛蘑、毛木耳、黑木耳、银耳、灵芝、竹荪等。

有些菇类干制后风味略减,适口性亦稍差,但仍可干制销售,如平菇、凤尾菇、草菇、金针菇、滑菇等。

另一些菇类经干制后风味大减,适口性差,一般不进行脱水保藏,这类菌有松茸(松口蘑)、榆黄蘑等。

(二)菌类预处理

由于采后的菇体仍继续进行生命活动,后熟作用会使品质下降,特别是草菇在数小时内便会破膜、开伞。再者,酶促褐变和非酶促褐变会使菇体颜色加深。因此,为获得高品质的干制品,在脱水前对菇体进行预处理是十分必要的。但许多食用菌厂都没有进行预处理工艺。目前常采用的预处理方式有以下几种。

1. 杀青 杀青就是把菇体投入沸水中煮透,抑制菇体酶活性。处理时间比加工盐水菇的杀青时间略短,一般为 2~8 分钟,杀青完必须迅速冷却。杀青后菇体软化,含水量相对提高,脱水时间也要延长;同时,由于菇体已软化,干燥后很难保持菇体的原来形状,影响外观。因此,这种杀青方法实际上很少应用。

2. 热处理 把菇体按常规排放在烤筛上,放入烘箱中,关闭排湿窗(孔),迅速使烘烤温度升高到 (64 ± 2)℃,进行热处理 20~30 分钟,以破坏菇体内的酶关系,抑制菇体后熟及酶促褐变。然后大量通风降湿降温,再进行常规烘烤作业。因为热处理时,排湿窗是关闭的,菇体不会因突然失水而形成硬壳。该方法无须增添设备,操作简易,值得进一步推广应用。

3. 二氧化硫处理

(1)熏硫法 这种方法是将食用菌直接用硫黄燃烧产生的气态一氧化硫在熏硫室或塑料帐内进行熏蒸。

(2)浸硫法 这种方法是用一定浓度的亚硫酸或亚硫酸盐溶液浸泡菇体。亚硫酸(盐)的浓度以有效二氧化硫计算,一般要求占菇体原料及溶液总重量的 0.1%~0.2%。工业用亚硫酸含有效二氧化硫浓度一般为6%。亚硫酸盐呈微碱性,碱性溶液可促使原料中维生素C分解,而且二氧化硫在碱性溶液中不易释放出来。因此,常加入一定量的柠檬酸或盐酸,将溶液调节成微酸性。

(三)干制技术要点

鲜菇烘烤前在太阳下晒数小时,可节约能源。香菇烘烤前晾晒,紫外线的作用可使菇体中的麦角甾醇变为维生素D,从而提高了香菇的营养价值。

1. 鲜菇的摆放 在烘烤前切除菌柄,进行人工整形,并按鲜菇的厚薄、大小、干湿进行分类。按菇体的自然生长状态排放在烤筛上(一般是菌褶朝下,过熟者菌褶朝上)。凡是薄的、小的、较干的应置于热源的远处、高处;厚的、大的、较湿的应置于热源的近处、低处。

2. 在烘烤中调换位置 在烘烤过程中,应当调换烤筛的上下、左右、前后、里外的位置,使其均匀受热,加速干燥,提高烘烤质量。

3. 烘房或脱水机的预热 鲜菇进烘房前或放进脱水机前,要预热烘房,使烘房温度达40℃~45℃,脱水机内的温度也要控制在40℃左右。这样,当大量鲜菇进入烘房或脱水机后,烘房或脱水机的温度才不至于下降太多,使之能达到30℃~50℃。

4. 烘烤温度的控制 烘烤温度一般是从35℃开始,每小时升高1℃~2℃,逐步升温,经7~8小时鲜菇水分散发30%左右,12~13小时后可散发50%左右。此后每小时升温2℃~3℃,当温度升至60℃~65℃时,水分可散发70%以上。这时应将温度降至50℃~55℃,继续烘烤2~3小时即可。烘烤的温度最高不得超过75℃。在鲜菇含水量过大时应将升温速度放慢。整个烘房的温度上下不得相差7℃,要避免由于温度骤然上升,导致菌褶出水、菌褶倒曲、菇体软熟或变焦烂等现象。

5. 鲜菇脱水的控制 在整个烘烤过程中,要调整通风口和排风口的开启程度,保持一定的换气量,以加速鲜菇脱水,同时又要充分利用余热回收,减少能耗。

(四)干菇贮藏方法

由于菇体组织具多孔性特点,其干制品在空气中很快吸湿而回潮。因此,干制后的食用菌干制品应按规定的标准进行分类,并按不同的类别将干品贮藏于密封的容器或塑料袋中,然后将塑料袋热压封口或密封容器口,放到清洁、干爽、低温的库房贮藏。在贮藏一段时间后要抽样检查,如果含水量超过13%,则需重新烘烤,直至达到要求标准为止。

(五)干制加工实例

1. 香菇 干香菇是香菇的最主要商品形式。香菇干制后,能产生菇香,又能长期保存。品质优良的干香菇,应具备5个方面的性状:香味浓郁;菌褶黄亮,菌面茶褐色;菇形圆整,表面光滑;肉质肥厚,菌边内卷;菇柄短。香菇干制技术的好坏直接影响到香菇干品的香味、颜色、形状。

(1)鲜香菇在烘烤过程中性状的变化

①重量与体积变化:段木冬菇5~8千克烘1千克干菇,春菇8~10千克烘1千克干菇;木屑冬菇7~10千克烘1千克干菇,春菇13千克烘1千克干菇;去柄木屑冬菇10~12千克烘1千克干菇,春菇10~14千克烘1千克干菇。

②颜色变化:在正常烘烤情况下,菌褶由白色变成淡黄色和米黄色,菌盖表现由浅褐色变成茶褐色。这一变化主要是菇体内的氨基酸与糖相互作用的结果。

③香味的产生:干香菇中的香味是一种环状含硫化合物,这种香味物质是在烘烤过程中由香菇酸在酶的作用下产生的,一般在温度50℃以上较易产生,晒干的香菇没有香味就是这个道理。

第七章 食用菌干制加工技术

(2)香菇干制技术

①采收时间:干香菇品质的好坏主要是由鲜菇的形态决定的,要想盈利,首先要在最佳时期采收。一要防雨淋。被雨淋的香菇要保持菌褶及菌盖的颜色十分困难。二要提前采收。香菇的采收标准以五至八成开伞为宜,采收过晚,商品价值下降。标准如下:冬菇:开伞五六成,在膜部分破裂时采收;香菇:开伞六七成,膜破时采收;香信:开伞七八成,菌盖边缘仍稍内卷时采收。

②干制的前处理技术:

第一,采收后立即干制。将菇场采收的鲜香菇迅速运往干燥室,立即装入烘筛中干燥。没有送入干燥室的鲜香菇不要堆积,应放入预备烘筛中,置日光下或通风处,以免菇体失去原有色泽、菌褶倒伏、变色,甚至腐烂。因此,选择干燥机(图3,图4)时,容量很重要,要求干燥能力强。

第二,分级装筛。按鲜香菇的大小、厚薄分别装筛,单层摆放,可缩短干燥时间,提高成品质量,也有利于干香菇分级包装。

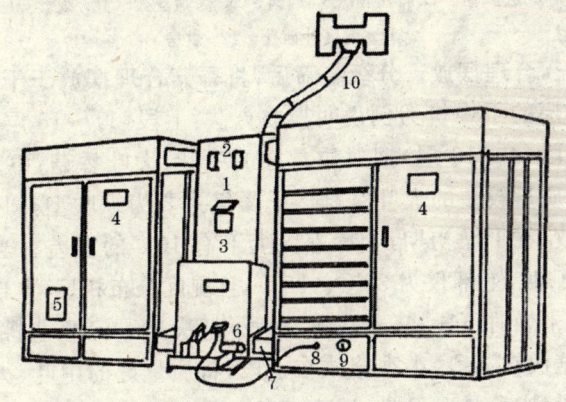

图3 油电两用双柜式干燥机
1.鼓风机 2.风门开关 3.起动器 4.干燥箱 5.观察窗
6.燃烧器 7.风道 8.温度调节器 9.温度计 10.烟囱

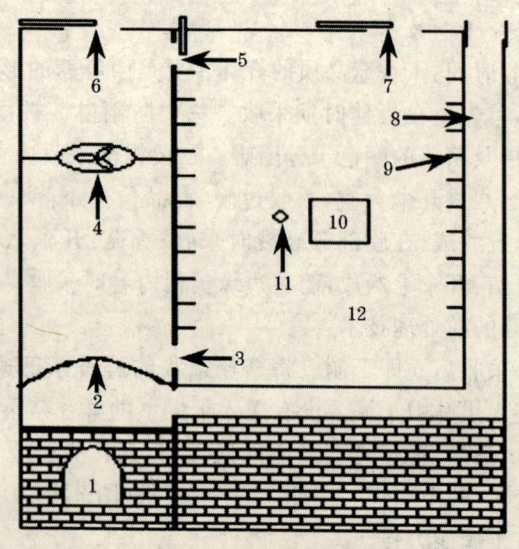

图4 简易烘房结构
1. 灶膛 2. 铁锅 3. 热风 4. 风机 5. 循环风窗
6. 进风窗 7. 排湿窗 8. 烟囱 9. 烤筛支架 10. 观察窗
11. 温度计插孔 12. 烘房

第三,合理摆放。分级装筛后,将香菇合理摆放于干燥机内。现以15层的干燥机为例说明摆放方法:上段(11～15层)摆放小香菇;中段(4～10层)摆放质量好的中叶、大叶香菇;下段(1～3层)摆放质量较差的大叶香菇。干燥机主要为纵吹型热风机。按这样摆放,在干燥初期,干燥室内上下有10℃的温差。当初期温度为45℃时,上部仅为30℃～35℃,且湿度分布相反,上部湿度高于下部,干燥时下段快,上段慢。为了解决这一问题,应将质量差的大叶菇放在下段,小香菇放在上段,将质量好的中叶、大叶香菇放在中段(中段是通风量、温度等条件最好的位置)。采用与菇形吻合的摆菇方式。在烘烤过程中,香菇具有随热风流向变形的性质,合理利用这一性质,可生产出品质好的干香菇。

对完全开伞的劣质菇,菌盖向下、菌柄向下放置,菌盖薄,有向上卷的趋势;对适时采收的普通香菇,菌盖向上、菌柄向下放置较合理(图5)。

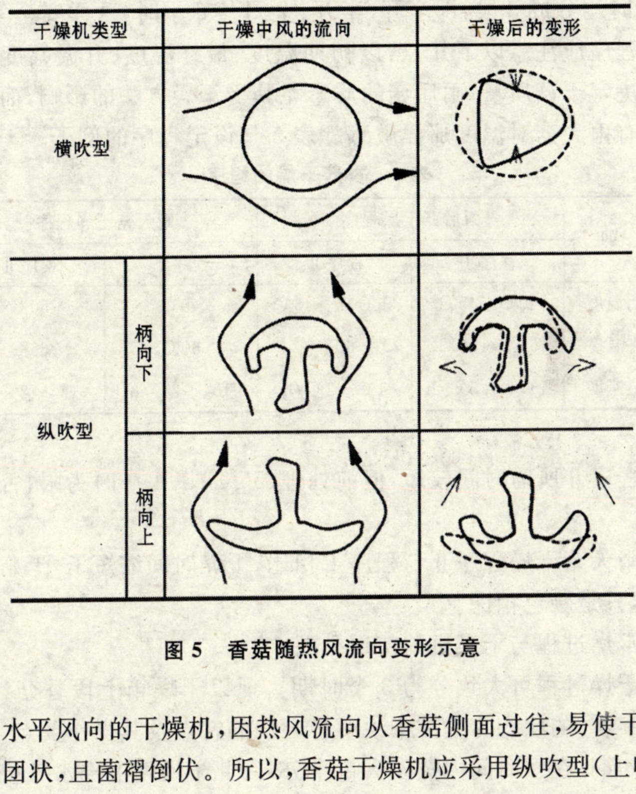

干燥机类型	干燥中风的流向	干燥后的变形
横吹型		
纵吹型 柄向下		
纵吹型 柄向上		

图5 香菇随热风流向变形示意

水平风向的干燥机,因热风流向从香菇侧面过往,易使干菇变成饭团状,且菌褶倒伏。所以,香菇干燥机应采用纵吹型(上吹式)送风。

③干燥技术:为了使干香菇的菌盖、菌褶接近鲜菇的大小、形状和颜色(菌褶为金黄色或粉黄色,菌盖有光泽),需要选用合适的干燥设备和掌握科学的干燥技术。

第一,选择适用的干燥机。就干燥机而言,应能够调节温度、风量及吸排气量,通过适当的调控,就能够获得水分从菇体表面蒸发(外扩散)的平衡,既快又好地完成干制加工。

第二,选用合理的干制程序。设定程序的原则:干燥温度为40℃～65℃;每次升温不超过5℃;吸、排气口按全程干燥预定的18小时均分成3段,即全开、半开、全闭各6小时,这样安全实用。设定程序应注意以下几点:以初期温度、最终温度、升温幅度的设定来决定干菇质量;雨后菇的质量尤其受干燥方法的影响,而晴天菇没有雨天菇对温度那样敏感。表5是设定程序的例子。

表5 香菇干燥的程序

时 期	雨后菇干燥程序		晴天菇干燥程序	
	程序Ⅰ	程序Ⅱ	程序Ⅰ	程序Ⅱ
初期温度	40℃～45℃	55℃1h→45℃	45℃	50℃
最终温度	55℃～60℃	60℃	60℃	65℃
升温速度	1℃～1.5℃/h	1℃～2℃/h	1℃～2℃/h	1℃～2℃/h

程序Ⅱ所需时间较短,但前处理(55℃)以1小时为限,否则易失败。

晴天菇干燥程序Ⅱ与程序Ⅰ相比,干燥时间缩短了,干菇质量相当,只是颜色稍深。

干燥过程与干燥机的使用见图6。

干燥过程可大致分为3个时期。现以干燥箱上段香菇(由观察窗察看)的状态为基准来说明各时期的特点及其操作要点。

初期:在短时间内蒸发大量水分,因此干燥箱上部水气接近饱和状态,需用干燥的强风把水分排出箱外,吸、排气口全开,强送风,起始温度40℃～45℃。

中期:是决定干菇形状的重要阶段(五至七成干)。进入中期的标准是:菇体表面干燥,开始出现光泽,菌褶开始变成淡黄色。吸、排气口半开,中等强度送风,温度50℃～55℃。

后期:后期为干燥菇体内部水分阶段。水分慢慢蒸发,以一定

第七章　食用菌干制加工技术

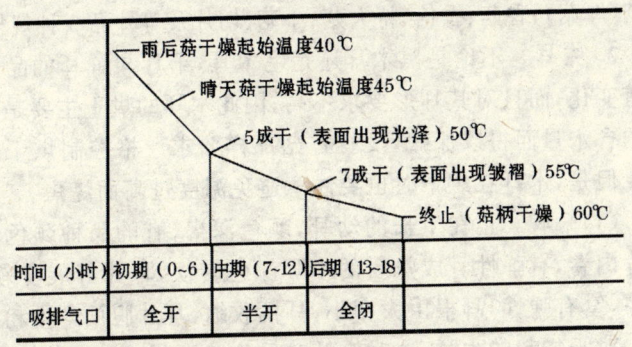

图 6　香菇干燥过程示意

温度的干燥热风送入干燥室为宜。后期标准：菌褶干燥，呈淡黄色，菌盖边缘卷缩，重量为鲜重的 12%～14%，吸、排气口全闭（全循环），送风减至最弱，最终温度 60℃～65℃。终止标准：菌柄干燥。未完全干燥便终止，干菇生产率固然较高，但易生霉、受虫蛀，且卖价低；相反，过度干燥（取数个干菇于手中，振动时发出"咔啦、咔啦"响声），干菇生产率低，易碎。

④香菇干片加工技术：特大的春菇被雨淋后变得肿泡，直接（整菇）干制需要烘烤 24 小时以上，耗费多且单价低，不合算。这样的鲜香菇，切除菌柄，把菌盖切成 3 毫米厚的薄片再干燥，尽管重量减少了 20% 左右（菌柄重量），但干燥时间约 5 小时，为原来的 1/4，且单价较高，较合算。切片时，如果斜切，肉厚增加，单价更高。

⑤分级上市：干香菇可按菌盖大小、厚薄、颜色、菌柄长短等进行分级。小规模生产的香菇仔细分级是困难的，但至少应按大（3～5 厘米）、中（2～3 厘米）、小（1～2 厘米）、花菇、厚菇、薄菇和等外菇初步分级，再上市，以便获得较好的经济效益。目前，日本市场上的干香菇有 22 个等级，粗分为花冬菇（亮花菇）、茶花冬菇（暗花菇）、

冬菇(厚菇)、香菇、香信、特大菇、小菇、切片及等外品 9 种规格。

2. 木耳 不论是黑木耳还是毛木耳,干耳与鲜耳的品质风味没有变化,而且对其耳形要求不高,因此木耳的烘干主要是降低木耳的含水量而得以保藏,没有香菇那样要求严格控制烘干技术参数。但是,木耳在烘干时也要注意避免温度过高而烤焦。

(1)采收 正在生长的幼耳,颜色深褐(有的品种颜色较浅),耳片内卷,有弹性。成熟后的木耳颜色转淡,耳片舒展变软,肉质变厚,富有弹性,耳根由大变小,耳柄收缩,耳片腹面产生粉末状孢子。对于袋栽的木耳,这时应及时采收并干制;对于段木栽培的木耳,这时应开始控水,停止喷水 3~5 天,待耳片七八成干时采摘并进一步干制。

(2)干制方法

①晒干:采耳后必须及时晒干。如果鲜耳上沾有泥沙、草叶等杂物,须先用清水漂洗干净,再烘干或晒干。晒干是干制最常用的方法。将木耳均匀地撒在晒席上,晒席架离地面,或摊在纱网上,在太阳下暴晒 2~3 天,便可以收藏。在摊晒期间不宜过多翻动木耳,以免卷成拳耳。夏天害虫较多,应将伏耳多晒一段时间,以晒死耳片中的害虫,或使其从耳片中爬到外边。阴雨天应将湿耳放在室内摊开晾干,等到天晴时再晒干。一般 8~10 千克鲜耳可晒 1 千克干耳。若遇连续雨天,可将采摘的鲜耳铺在干耳上,按 1 千克干耳与 0.5 千克湿耳混匀,摊开,干耳可以很快吸收鲜耳的水分,避免因雨天不能及时晾晒而造成烂耳。

②烘干:在大量种植木耳的耳场或产区,可建造烘干房或购买脱水设备进行木耳脱水。在烘烤中温度不宜急剧升高,防止木耳被烤焦,一般可在 35℃~60℃下进行烘烤。当烘烤至七八成干时,可上下、里外翻动,以促使干燥均匀。在烘干过程中,如有木耳黏结成块,可以喷清水使其回潮离散,然后继续烘干。

(3)贮存 干耳分级后可装入塑料袋中,密封后置于木箱内,放在通风干燥处。可用少量二硫化碳装在玻璃瓶中,瓶口用棉花松松塞住,让气体散发出来驱杀害虫。

3. 银 耳

(1)采摘与整理 当耳片基本展开(耳片展开80%)、没有包心、色白、呈半透明状、手感柔软而富有弹性时应及时采收。采收前1~2天停止喷水,使耳片稍稍收边、干爽。适时采收的银耳干制后,朵形自然、饱满。采收过早,则耳片坚挺,没有充分展开,包心,产量低;采收过晚,耳片柔软、萎缩,透明而无弹性,边缘发黏,局部开始呈糊状,晒干后色泽差。采下的银耳应清除泥沙杂物及夹带的培养基,削去黄色的耳基后及时干制。

(2)干制方法

①晒干:对采下的新鲜银耳,可将耳基朝下一朵朵地排在竹筛上,在太阳下暴晒,经4~5天就可干燥。检查干燥情况可用指甲掐耳基,若已坚硬,无指甲痕,表明已干燥。晒干法较适于小批量干制,而且干制品的颜色偏黄,色泽较差。

②烘干:在大批量干制时,要用烘房或烘箱,生产率高,而且产品色泽洁白,品质好。银耳烘烤时须严格控制温度,不得超过60℃。刚开始烘烤时,银耳含水量高,温度要控制在35℃~40℃,通风排水气。每3~4小时升温5℃,待水分逐步散失后,耳片变硬,可升至50℃左右烘干。温度过高、过低都会影响产品的品质。如果温度偏低,干燥时间延长也将降低产品的品质。如果温度偏高,耳片会很快干燥,而耳根内仍潮湿,特别是大朵银耳,当表面已形成一层硬壳时,朵内还是糊状,造成耳片连接,失去圆整的朵形,甚至烤焦耳片,使干银耳浸泡后不能够恢复新鲜银耳柔软而富有弹性的商品特征。

在生产中,有许多银耳专业户为了使烘烤的银耳洁白,使用硫黄熏耳,必然导致耳体含硫成分增加,而且污染环境,不符合无害化生产原则,现在已经明令禁止。

4. 蘑菇 生产脱水蘑菇的设备投资、包装费用比加工蘑菇罐头要低,产品色泽、外观及浸水膨胀后的风味能保持蘑菇固有的特色,颇受外商欢迎。所以,生产脱水蘑菇是活跃山区经济的良好途径。下面介绍几种蘑菇的干制方法:

(1) 晒干 将蘑菇放在阳光下暴晒,开始时将菌盖朝上,半干时将菌柄向上直到全干,不要堆叠。

(2) 烘干 新鲜蘑菇经过漂洗护色、沥干水分后,按等级分别摊放在烘筛上,菇盖朝上。烘房温度开始时控制在35℃左右,经过2~3小时,把温度控制在55℃~60℃,直至烘干。最终产品的含水量控制在13%以下。

(3) 膨化干燥法 将蘑菇放在膨化锅内,增加其中压力,突然降压,使蘑菇子实体所含水分立即爆出。此法脱水比常规烘干法节能40%。膨化干燥的蘑菇,食用时在开水中泡5分钟即可,且仍保持蘑菇原有的风味和质地,维生素含量比常规脱水的高,特别是B族维生素。这种方法也可用来做方便菜,打开包装即可食用。

以上是蘑菇整菇的干制方法。

(4) 蘑菇片 脱水蘑菇片是我国传统出口产品之一,很受外商的青睐。生产脱水蘑菇片的原料,可以用优质菇,也可用次品菇。鲜菇经漂洗护色后,纵切成2.5~3毫米厚的薄片,摊放在烤筛上,不要重叠。开始烘烤时,温度控制在30℃~40℃,然后每小时升温2℃~3℃,使温度提高至50℃~60℃,慢慢干燥。干燥时,温度不能急剧变化,要循序缓慢地使其干燥。干燥的切片菇以边角不卷起、指甲掐不进、抓起来"沙沙"作响为度。切片干燥通常要3~4小时或更长一些。鲜菇的干燥率因原料的含水量、品质而异,大体上每100千克鲜菇可得干菇片15千克左右。干菇片含水量应在10%~12%。由于干菇片很易吸湿回潮,应立即趁热保存在密封的防潮容器内,然后分级包装。

5. 草菇 草菇生长很快,采后 3~4 小时便会破膜、开伞,及时采摘与加工是提高产品质量的关键。草菇采摘应在蛋形期进行。下面介绍几种草菇的干制法。

(1)晒干 用竹片刀或不锈钢刀将草菇纵剖为二,切成包被处仍相连接的两半,切面朝上排列在竹筛上,在烈日下暴晒至干。此法干制的草菇味不鲜,色泽暗淡,而且因热度不够,常因后熟作用而开伞,品质差。

(2)烘烤法 用竹片刀或不锈钢刀将草菇切成相连的两半,切口朝下排列在烤筛上。烘烤开始时温度控制在 45℃ 左右,2 小时后升高至 50℃,七八成干时再升至 60℃,直至烤干。该法烤出的草菇干,色泽白,香味浓,但还会因后熟作用而使菌柄继续伸长脱出包被外,外观形态差。

(3)二温程烘烤法 用不锈钢刀将草菇纵切成相连的两半,切面朝下排于烤筛上。先将烘箱(或烘房)温度升至(64±2)℃,再放入烤筛,对鲜草菇进行热处理 20~30 分钟,钝化(或破坏)菇体内酶系统,抑制菇体生长及酶促褐变。随后迅速将温度降至 50℃ 进行烘烤至干。在第二阶段(50℃),必须尽可能保持恒温,若温度变化太大(10℃),菇体色泽会变黑,品质降低。此外,在烘烤过程中,温度绝对不能超过 80℃,哪怕是几分钟,也会使菇体焦化、菇体发黑及菇形变差,甚至完全没有商品价值。

该法烤出的草菇色泽洁白,香味浓郁,外观形态优良,菌柄不会脱出包被而似开伞。

(4)远红外线烘干法 将菇体纵切成相连的两半,切面朝向光源,温度控制在 40℃~65℃,其他技术要点同上。

6. 金针菇 选取未开伞、色浅、质地嫩的金针菇,切根分级,整齐地排在蒸笼内,蒸 10 分钟后小心地整丛取出,排放在烤筛上,送入烘房烤干,温度控制在 40℃~50℃。干燥后的金针菇,放在室内返潮 20~30 分钟,使其略为软化,防止破碎。用线把干菇扎成小把,装入塑料袋内密封存放。食用时用开水泡开,能保持固有风味。

7. 猴头菌 当子实体长满菌刺、尚未大量散发孢子时就应及时采摘并干制。采摘过晚,孢子散发,菇体发黄,味苦。

(1)晒干 按大小分级,菌柄朝下排放于筛上或席上,在太阳下暴晒数日。晒干的菇体颜色呈深褐色或浅褐色。也可用线绳将猴头菌串起来,悬挂于干燥、通风的地方,让其自然阴干。

(2)烘干 开始烘烤的温度控制在35℃~40℃,同时打开进风口、排气窗。每隔1~2小时提高温度4℃~5℃,最高升至60℃左右,直至烘干为止。随着菇体含水量的减少,进风口和排气窗应逐渐关小。采用烘烤法干制的猴头菌,色、香、味俱佳。烘干后,略微回潮返软,装入塑料袋中密封保藏。

8. 竹荪 竹荪素有"菌中皇后"、"真菌之花"之美称。竹荪以干制品上市,其等级划分与色泽关系很大。菇体洁白为上品,与色泽差(发黄)的干品相比,每千克价格相差几十元至上百元。而菇体色泽取决于干制技术。

竹荪采摘要及时,无论长、短裙竹荪,只要菌裙完全散开就证明生长成熟,一定要及时采收。在一般湿度条件下,从菌蛋破壳至子实体成熟只需45~90分钟。竹荪菌体娇嫩,容易腐烂,上午8:00~10:00破壳长出菌裙,下午就会萎缩,孢子液(墨绿色)流出,污染菌裙。在福建,当竹荪破壳、伸出菌柄、菌裙略微撒下时就可采摘。采后,剥去菌托,并用小刀纵划孢托(注意深浅,避免划破菌裙),然后剥去孢托,只完整保留菌柄和菌裙。菌体在空气中放置30~60分钟,因部分失水,菌裙便会张开撒下。因竹荪菌柄很脆,易碎,菌裙与菌柄连接不牢,应轻拿轻放,防止菌裙脱落。

竹荪的干制方法有:

(1)晒干 在竹席上薄薄涂上一层色拉油,把竹荪排在竹席上,柄放直,裙张开,置于太阳下暴晒。在晒的过程中不要翻动菇

第七章 食用菌干制加工技术

体,以免损坏破碎。晒干后轻轻拿起,适当返潮后,按一定重量规格,用红线扎成小捆,装入聚乙烯塑料袋中密封保存。晒干的竹荪干品往往色泽较黄,品质较差。

(2)烘干 同上述方法把竹荪排在烤筛上,烘干温度的控制先由低到高,最后由高到低。开始时,温度控制在40℃,烘至半干时,温度升至60℃,烘烤至八九成干时,再把温度降至40℃,直至烘干。这样的控温程序烘烤出的竹荪色泽洁白,香味浓郁。

包装、贮藏方法同上。

思考题

1. 简述食用菌的干制原理。
2. 在对流干燥机中,热空气的主要作用是什么?
3. 在菌类的干制加工过程中,为什么要求缓慢升温,同步排湿?
4. 试设计香菇(晴天菇)干制加工的工艺流程,并简述技术要点。
5. 在木耳、银耳等胶质菌类摊晒或烘烤期间,为什么不宜过多翻动?

第八章 食用菌罐藏技术

罐头工业是食品工业的重要组成部分。罐头加工有利于开发和利用食品资源（包括食用菌资源），为人类长期而稳定地提供经久耐藏、携带方便、营养丰富、食用卫生的食品。

一、罐藏原理

罐藏食品能较长时间保藏的原理主要有2条：一是罐藏容器是密封的，隔绝了外界的空气和各种微生物；二是密闭在容器里的食品经过杀菌处理，罐内微生物的营养体被完全杀死，幸存下来的极少数微生物孢子如果是好气性的，由于罐内形成一定的真空缺氧条件而无法活动。但是，当其是厌气性的菌类时，罐藏品仍有变质的危险。一般来说，罐藏品有一定的保藏期限，一般是2年，更长时间的保藏没有太大意义。

二、罐藏技术

食用菌制罐工艺主要包括原料准备、容器准备及罐藏加工，现重点讨论罐藏加工中装罐至杀菌冷却的工艺流程及技术要点。

（一）工艺流程

原料验收→护色装运→漂洗→预煮（漂烫）→冷却→修整分级→装罐注汁→排气密封→杀菌→冷却→质量检验→包装贮存

(二)技术要点

1. 原料验收 按原料标准在原料基地验收,整批原料不合格的不得验收进厂。

2. 护色装运 将验收合格的原料切除黏有泥土或培养料的菌柄,立即(采收后 0~4 小时)投入 0.03% 硫代硫酸钠溶液中,洗去泥沙和杂质,捞出后再放入装有 0.06% 硫代硫酸钠溶液的蘑菇专用桶中浸泡护色,并以洁净白布或竹帘覆盖,不使鲜菇露出液面,加盖运回罐头加工厂。

3. 漂洗脱硫 原料菇运回厂后立即从护色液中捞出,用流水漂洗 45~60 分钟,除尽残留的护色液,即所谓漂洗脱硫(国家规定二氧化硫残留不得超过 0.002%)。

4. 漂烫杀青 漂烫的主要目的是排除子实体中的氧气,破坏子实体中酶的活性及抑制由酶引起的生化反应(如酶促褐变);软化组织,保持菇体鲜嫩,增加弹性,减少脆性,便于装罐;同时,漂烫兼有进一步清洗脱硫的作用。

用夹层锅漂烫时,先将水加热至 80℃ 左右,再加入 0.1% 的柠檬酸,加热至沸,按 15 份漂烫液加 10 份鲜菇的比例投入原料菇,沸水漂烫时间为 8~10 分钟,以熟透为准。熟透后捞出用清水迅速冷却。

夹层锅内的漂烫液只能连续使用 3 次。

使用连续漂烫机时,柠檬酸浓度为 0.07%~0.1%,漂烫时间为 5~8 分钟,以菇心熟透为准。

5. 修整分级 漂烫后迅速冷却。漂烫要求熟透,冷却也要求冷透。冷透菇心后再按原料规格和产品质量要求严格进行挑选分级和切分修整。修整时将不合格的整菇(开伞、脱柄、脱盖、盖形不完整及有少量斑点的蘑菇)做碎片处理或切成菇片。

6. 空罐准备 罐头食品生产过程中,装罐前除按食品种类、性质、产品要求及有关规定合理选用容器(种类、形状和大小等)外,因容器在加工、运输和贮存过程中常附有灰尘、微生物或其他污垢,必须清洗干净,消毒沥干,以保证容器的清洁卫生,提高罐藏食品杀菌效率。

在小型企业中,容器一般都采用人工清洗,大多数先在热水中刷洗,而后再在沸水中消毒 30～60 秒钟。在大型企业中,则用机械清洗,用沸水或蒸汽消毒。清洗消毒后的容器,应立即装罐,避免再次污染。

(1)铁罐清洗 用于清洗铁罐的洗罐机种类较多,如链带式洗罐机、滑动式洗罐机和旋转式洗罐机。一般清洗过程是先用热水冲洗,再用蒸汽消毒 30～60 秒钟,然后倒置或横卧沥干。

(2)玻璃罐(瓶)清洗 要清除玻璃罐(瓶)壁上的油脂和污物,可采用温水浸洗和高压水喷洗相结合的清洗方式。

清洗玻璃罐(瓶)时常需使用洗涤剂。回收的旧瓶常黏有食品碎屑和油脂,需用 2%～3% 的氢氧化钠溶液在 40℃～50℃下浸泡 5～10 分钟,以洗净脂肪和贴商标的胶水,使瓶的内外都很光洁。为了洗净油污、中和酸性、洗净有机物和无机物、杀灭微生物,可配制混合洗涤剂清洗旧玻璃罐(瓶),其主要成分为 1%～5% 的氢氧化钠溶液。有人认为采用 70℃ 的 3%～4% 氢氧化钠、1.5% 磷酸钠和 2%～2.5% 的偏硅酸钠组合而成的混合液,清洗 8～10 分钟,效果极好。清洗旧瓶时碱液浓度有时可提高到 5%,清洗新瓶时 1% 即可。此外,也可采用无水碳酸钠、磷酸氢钠或合成洗涤剂。还可采用漂白粉水溶液进行清洗,以提高杀菌能力。工业用漂白粉中含 25%～30% 的有效氯,使用时可先将 1 份漂白粉和 2 份水充分混合成浓浆,再加 5～6 份水拌和,静置 24 小时后取上层透明的绿色溶液依所需浓度配制成溶液。

洗净的玻璃罐(瓶)常需再用 90℃～100℃ 热水进行短时冲洗,以除去碱液并进行补充消毒。也可用蒸汽,但蒸汽效果不如热水。

7. 装罐注汁 原料菇经修整分级后再洗涤1次,即可装罐。装罐应注意以下几个问题:①净重与固形物重量必须符合标准。净重包括罐内食品的固形物重量和汤汁重量。净重误差不得超过3%,但每批平均不能低于标准净重。②按不同的等级分别装罐,绝对不允许各等级混装。③鲜菇在罐内的分布、排列要均匀一致,如金针菇一律将菌盖朝上,菌柄朝下,稍扭曲于罐中。④鲜菇罐头的汤汁,沸水配盐量2%～3%,另加柠檬酸0.05%～0.1%,过滤后装罐。⑤鲜菇罐头注汤汁时一般预留顶隙5～8毫米。

原料装罐有手工操作,也有机械操作,现在大多数罐头厂采用机械操作。

手工装罐也伴以部分自动条件,如传送带运送空罐到长形工作台的装罐工人面前,两边工人伸手即可取到空罐,手工装料(固形物)后将其送到中间的输送带上,传给注液机注汤汁。

装罐机和注液机的类型很多,从半自动到全自动,有供特殊原料专用的,也有通用的,还有装罐注液在同一机械上进行的。在选择这类机械时,应注意下列事项:装罐量准确、均匀;不会使汤汁或原料沾留在罐口部位,以免影响密封;自动控制,有罐必装,无罐不卸料;设备上的各种管道和食品通道畅通,便于清洗;适于多种原料和多种罐型的装罐注汁;操作简便,容易控制;与食品接触的部位用不锈钢或其他抗腐蚀的材料制成。

8. 排气密封

(1)排气目的 原料装罐注液后,在封罐之前要进行排气。排气的目的:①除去罐头内容物(固形物和汤汁)所含的空气,以免金属容器受腐蚀,延长罐头的贮藏寿命。②排气密封后,杀菌时罐体不易破裂或跳盖。③保持一定的真空度,抑制罐内残存好氧微生物的生长。④避免食品氧化变质、变色,保持营养成分不被破坏。⑤排气密封后,罐头内部保持真空状态,就可使实罐底盖维持一种平坦或略内陷的状态,这正是良好罐头食品的外部特征,以利于消费者挑选。

(2) 排气方法与设备　罐藏加工中采用的排气方法有下列 3 种：①装罐前将原料预热，趁热装罐，趁热封罐，此法可在水浴锅中进行。②原料装罐注汁后，加上罐盖(不密封)或不加盖，加热排气后再封盖。可在长形水箱、长形通道式排气箱或转盘式传送排气箱中加热排气。③真空封罐可采用真空封罐机封盖。

(3) 罐头真空度　罐头真空度就是罐头内外的大气压力差。从安全生产来考虑，对小型罐可以达到较高的真空度(40~50.6千帕)，而对大型罐则应保持较低的真空度(30.4~40 千帕)。大罐中的真空度过高会造成严重的罐体变形，罐壁受到过大的压力而向内瘪陷。

影响罐头真空度的主要因素：

①罐头顶隙：顶隙即罐头顶部的空隙，实际上是罐头内容物与盖子之间的空隙。同样的密封温度，顶隙较大的罐头真空度较高，顶隙小的真空度较低。但超出一定限度，顶隙内的残余气体太多，真空度反而下降。顶隙一般以 5~8 毫米为宜。

②密封温度：加热排气后，罐内温度愈高，又能及时密封，则真空度也愈高。

③气温和气压：气温升高，罐内真空度会相应降低。

④海拔高度：海拔升高，罐内真空度也会下降。

(4) 罐头密封

①金属罐的密封：用于金属罐密封的封罐机种类很多，罐头食品加工厂可根据罐头类型、生产能力、投资能力选用合适的封罐机。目前，罐头工厂中最常见的封罐机有 3 种类型，即半自动封罐机、自动封罐机和真空封罐机。

半自动封罐机的工作特点是人工加盖，并将罐头紧压在封罐机压头和托底板或升降板之间，而后封罐。其卷边密封方式有 2 种类型：一是罐头本身随压头自转，二是罐固定在压头和托底板间不能转动。后一种类型对密封多汤汁罐头颇为适宜。因为罐身不转动,可避免罐内汤汁在离心力作用下外溅而造成产品净重不足。

自动封罐机有多种类型,如单封头、双封头、四封头、六封头及更多封头的全自动封罐机。封头愈多,生产能力愈强。

真空自动封罐机的工作特点是密封时罐头进入封罐机的密封室中,由连接在真空泵上的管道把罐内空气抽出,而后再进行密封。

②玻璃罐的密封:玻璃罐与铁罐不同,其密封的方法也不同。玻璃罐本身因罐口边缘造型不同、罐盖形状不同,因此密封的方法也多种多样。

卷封式玻璃罐封口可采用手扳封罐机,其扳柄顶端装有1只滚压轮,玻璃罐由托底盘上升时与罐盖压头吻合,玻璃罐由旋转的压头带动,再在滚轮推压下将罐盖密合在罐口上。

旋转式玻璃罐封罐时可采用手工或旋盖拧紧机。旋盖拧紧机系单机头间歇自动拧盖设备,由机架、输罐、抱罐、拧盖等部分组成。使用这种设备可以大大减轻劳动强度,生产能力每分钟可达50罐以上。

抓式玻璃罐密封时可用蒸汽喷射式抽真空的方式,使罐内顶隙形成一定的真空度,然后用抓式封口机使盖边紧压于罐口下缘而得到密封。

③软罐头的密封:常用的封边方法有高频密封法、热压密封法和脉冲密封法,其中高频密封法仅适用于制造复合薄膜袋或软罐头,因其封边内结合表面上有水或油附着时,就不易相互紧密结合。

热压密封法虽可克服高频密封法的弱点,但密封强度较差,此法仅适用于聚乙烯类、防潮玻璃纸和聚乙烯复合薄膜材料。最简单的是用烙铁进行热压密封。

脉冲密封法兼有高频密封法和热压密封法的优点,操作方便,几乎适用于各种薄膜的密合,其结合强度大,密封强度也胜于高频密封法和热压密封法。

现在常用于软罐头密封的设备有简单热封机、真空或真空充气热封机、脉冲真空包装机等。

9. 罐头食品的杀菌和冷却　罐头食品杀菌的目的是杀死食品中的致病菌、产毒菌、腐败菌,并破坏食物中的酶使食品贮藏2年以上而不变质。但是热力杀菌时必须注意尽可能保存食品品质和营养价值,最好还能做到有利于改善食品品质。

(1)杀菌方法和装置　罐头食品加热杀菌可在装罐前或装罐后进行,因此,可分为预杀菌——无菌装罐和罐头杀菌两大类。前者首先在热交换器或刮板热交换器内将液态或带固体的液态食品进行高温短时或超高温瞬时杀菌的热处理,对食品品质影响的程度较小,但装罐必须在无菌或几乎无菌的环境中进行,以免食品遭到再次污染,至少应能降到最低的限度。食品装罐后杀菌,即通常所谓的罐头杀菌。它的生产费用低,而成品质量尚能达到消费者的要求,因此,绝大多数罐头食品都采用此法生产。食品种类不同对杀菌温度要求不同,大致可以分为100℃以上和100℃以下两大类;温度在100℃以下的杀菌在常压下进行,故称为常压杀菌,有时也称为巴氏杀菌;温度在100℃以上的称为高压杀菌,是常用的高温杀菌方法。罐头食品杀菌还可以按照所采用的杀菌设备和操作技术而有所不同,因而又可分为金属罐、玻璃罐和软罐头的杀菌等。常见杀菌技术和设备见图7。

(2)杀菌操作的工艺要求　在杀菌操作过程中,罐头食品的工艺条件主要由温度、时间、反压力3个主要因素组合而成。在工厂中常用杀菌式表示对杀菌操作的工艺要求。

$$\frac{\tau_1 - \tau_2 - \tau_3}{T}P$$

式中　　T——杀菌锅的杀菌温度(℃)

　　　　τ_1——杀菌锅加热升温,升压时间(分钟)

　　　　τ_2——杀菌锅内杀菌温度保持稳定不变的时间(分钟)

第八章 食用菌罐藏技术

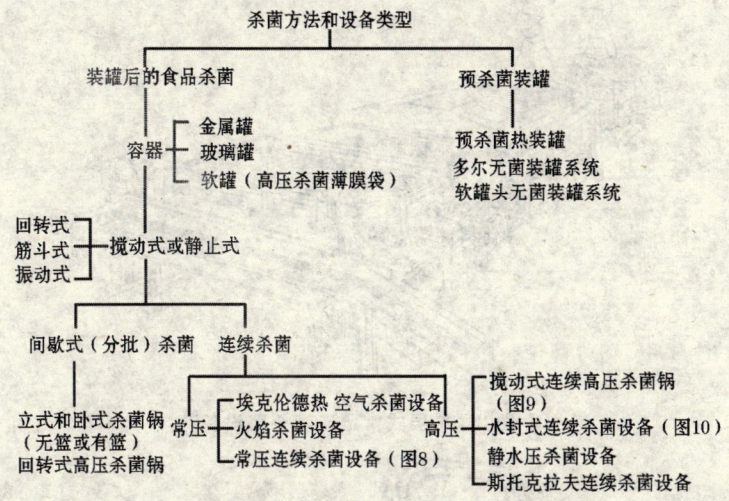

图 7　常见杀菌技术和设备

τ_3——杀菌锅内降压降温时间（分钟）

P：杀菌加热或冷却时杀菌锅内使用反压的压力（帕）

杀菌式表明罐头食品杀菌操作过程中可以划分为升温、恒温和降温 3 个阶段。升温阶段就是将杀菌锅的温度提高到杀菌式规定的杀菌温度（T），同时要求将杀菌锅内冷空气充分排出，保证恒温杀菌时蒸汽压与温度充分一致的阶段。为此，升温阶段的时间不宜过短，否则就达不到充分排气的要求，杀菌锅内还会有气囊残存。恒温阶段就是保持杀菌锅温度稳定不变的阶段，此时要注意的是杀菌锅温度升高到杀菌温度（T）时并不意味着食品温度也达到了杀菌要求，实际上食品尚处于加热升温阶段。对流传热型食品的温度在此阶段常能迅速上升，甚至于到达杀菌温度；而传导型食品升温极为缓慢，甚至于加热杀菌停止和开始冷却时尚未能上升到杀菌温度。降温阶段就是停止蒸汽加热杀菌并用冷却介质冷

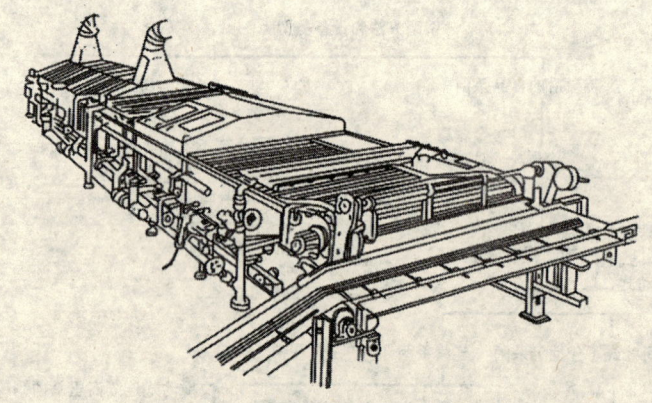

图8 单层式常压连续杀菌设备

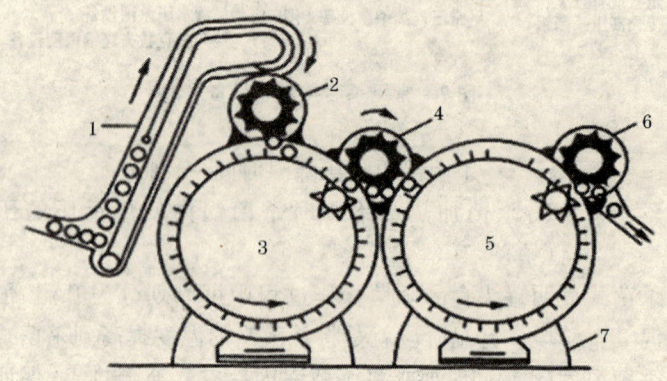

图9 连续式高压杀菌锅剖视
1. 提升机 2. 进罐气封旋转阀门 3. 加热杀菌锅
4. 中转气封旋转阀门 5. 冷却锅 6. 出罐气封旋转阀门 7. 旋转架

却,同时也是杀菌锅排气降压阶段。

就保持食品的风味和食品的品质而言,冷却速度越快越好,但要防止罐头爆裂或变形。罐内温度下降缓慢,内压较高,外压突然降低常会出现炸罐现象,因此,冷却时还需加压(即反压)。如不加

第八章 食用菌罐藏技术

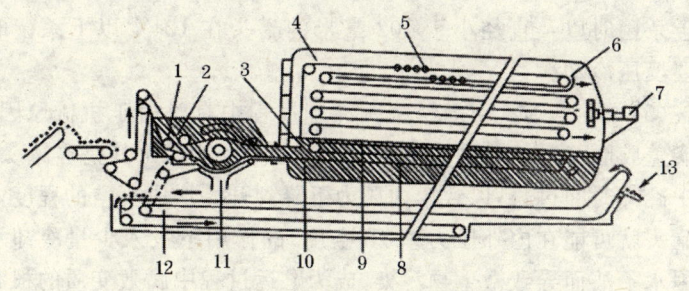

图 10 水封式连续杀菌设备

1. 水封 2. 传送带 3. 杀菌锅内液面 4. 蒸汽室
5. 传送带上的罐头 6. 换向导轨 7. 供蒸汽和空气混匀用的风扇
8. 蒸汽和水的分隔板 9. 预冷水 10. 转移孔 11. 水封式转动阀门
12. 空气或水冷却 13. 出罐处

反压,放气速度就应减慢,以使杀菌锅和罐内压力差不至过大。为此冷却就需要一段时间(视情况而异)。

850克罐装盐水蘑菇罐头常用的杀菌式如下:

$$\frac{10'-30'-10'}{121℃}80.9\sim101.1 千帕$$

(3)金属罐的杀菌 金属罐可采用静止高压杀菌锅进行罐头杀菌,其传热介质为热蒸汽。为了保证罐头在纯蒸汽介质中杀菌,开始加热时应缓慢升温,排净锅内空气,以免锅内温度分布不均,从而出现部分罐头杀菌不足的现象。在杀菌过程中,为了保证锅内加热均匀性,应敞开泄气阀,保持有蒸汽不断外逸,促进锅内蒸汽处于不断循环流动状态,同时还应及时排出锅底冷凝水,以免浸于水中的罐头达不到预期的杀菌效果。

(4)金属罐杀菌后的冷却 杀菌结束后,罐头可在锅内进行部分或充分冷却,必须注意罐内外压力差的变化。冷却方式有普通冷却和空气反压冷却2种。一般来说,小型罐头用较低的温度杀菌时不一定要用反压冷却。直径102毫米以上的罐头,在116℃

以上杀菌时以及直径小于 102 毫米的罐头在 121℃ 以上杀菌时，需要反压冷却。

(5)冷却水加氯问题　罐头冷却过程中有时由于机械原因或因罐盖胶圈暂时软化造成暂时性或永久性缝隙，尤其是当罐头在水中冷却时间过长，以致罐内压力下降到开始形成真空的程度，这时罐头就可能在内外压力差（真空度）的作用下吸入少量冷却水，并因水不洁而导致微生物污染，成为贮运过程中腐败变质的根源。所以，反压冷却使用清洁水（即微生物含量极低的水）的问题必须引起重视。罐头冷却用水必须符合国家饮用水标准。

次氯酸盐和氯气为罐头工厂冷却水常用的消毒剂。巴什福德建议以水中残余氯含量 1 毫克/升和接触时间 20~30 分钟为宜，但残余氯含量的标准应根据具体情况而定（一般加至残余氯含量 1~2 毫克/升，可以维持细菌数量在安全水平）。

(6)玻璃罐装食品的杀菌和冷却　玻璃罐装食品可用立式或卧式杀菌锅进行静止高压杀菌。静止高压杀菌有如下特点：杀菌和冷却均在水中进行；需要具备压缩空气以维持杀菌器内的压力与罐内压力平衡，以免容器破裂或跳盖；在溢流管道上要有一个自动控制阀来维持必要的压力；且杀菌温度与压力分别控制。

玻璃罐装食品在杀菌时间到达后就开始冷却，但冷水不能直接和玻璃罐接触，以防爆裂。冷却的同时仍应送入压缩空气，用适当的反压避免在罐内压力过高的冲击下跳盖。冷却水同样需添加次氯酸盐或通入氯气消毒，必须符合国家饮用水标准。

罐头杀菌后应立即冷却，但也不要冷却到过低的温度，一般冷却至 40℃~50℃ 为止，以便利用余热蒸发罐头表面的水珠，避免罐体锈蚀。实际操作温度视外界气候条件而定。

10. 罐头食品的检验与贮存

(1)罐头检验

①检验目的：一是测定罐头杀菌条件是否充分；二是找出罐头

败坏的原因。

②检验内容:一是细菌的检验;二是理化性质方面的检验;三是感官检验。

③检验步骤:入库罐头,逐瓶检查,并抽样送检。取样方法:按生产班次抽样,每3000罐抽1罐,每班每个产品不得少于3罐,分别送检,做感官检验、理化检验和微生物检验(细菌学检验)。细菌学检验步骤如下:

杀菌冷却至50℃→擦罐或利用余热干燥容器表面→35℃～37℃,5～7天,保温培养→逐罐检查

如有胖听,说明杀菌不足,应查明原因,以便纠正。

(2)罐头食品的贮存

①贮存方式:罐头在仓库中的贮存有散堆与包装2种形式。

②贮存管理:罐头在贮存中要避免过高或过低的温度,更要避免剧烈的温度变动。库内要有适当的通风换气条件。在贮存期间应经常检查,拣出损坏漏罐,避免污染好罐,减少损失。

(三)罐藏加工实例

1. 蘑菇罐头 蘑菇罐头是我国菇类主要出口商品,年出口量居世界首位,主要销往德国、法国、瑞典、日本、新加坡和我国港、澳地区。国内生产的蘑菇罐头有整菇、纽扣菇、菇片、碎菇等几个品种,对罐型有一定要求,出口蘑菇罐头用马口铁罐。近年来,由于国内蘑菇罐头市场兴起,也开始出现玻璃罐。蘑菇罐头生产工艺如下:

(1)选料 供制作罐头的蘑菇要经过严格地挑选,菌盖直径不能超过4厘米,菌柄长1厘米,要求无褐斑、无虫蛀、无霉变,并要清除表面泥沙杂物。

(2)漂洗护色 罐装蘑菇在习惯上以色白为上品,加工的蘑菇首先要进行漂白处理。通常在0.03%焦亚硫酸钠溶液中漂洗几

分钟后捞出,再浸入 0.1% 焦亚硫酸钠溶液中护色至菇体洁白。在护色时要经常上下翻动,使之均匀,护色时间不能过长,否则会使蘑菇风味变差。也可用稀盐溶液进行护色,将采摘的蘑菇分级后,浸入浓度为 0.6%~0.8% 的盐水中运往加工厂,盐水可减少水中氧的含量,抑制酶促褐变,达到护色的目的,但浸泡时间不得超过 6 小时。

(3)预煮(杀青) 预煮通常采用夹层锅,小厂也可用不锈钢锅或搪瓷锅,水与菇之比为 3:2。水沸后,把菇放入锅内,煮沸时间为 10~15 分钟(夹层锅煮 5~8 分钟),因菇体大小、采摘时间或成熟度不同而有差异,一般以煮至熟而不烂为度。预煮时间不可太长,以免失水太多,组织硬化,失去弹性。有的用 5%~7% 盐水进行预煮,可使菇体肉质结实,不变形;有的用 0.2% 柠檬酸溶液进行预煮,兼有漂白作用,但应经常调整酸液浓度并定期更换,以防菇色变暗。预煮后,熟菇的重量比鲜菇下降了 35%~40%,体积为原来的 40%,菌盖收缩率为 20% 左右。

(4)冷却 预煮后,要及时放在流水中冷却,冷却时间以 30~40 分钟为宜。冷却时间太长,菇汁浸出,风味、香气均下降。冷却至手触没有热感时,捞起并沥干水分。

(5)分级和修整 装罐前,要进行分级、修整。采用滚筒式分级机或机械振荡式分级机进行分级。分级标准是按煮熟后的菇体大小来分级,整菇罐头的分级标准是:一级菇在 1.5 厘米以下;二级菇为 1.5~2.5 厘米;三级菇为 2.6~3.5 厘米;四级菇在 3.6 厘米以上,一般不超过 4 厘米。要求菇体形态完整,无严重畸形,允许有少量裂口、小修整、轻度薄皮及菇柄轻度起毛。将各级菇倒在台板上,从中挑出不合格的褐斑菇、薄皮菇、畸形菇和碎菇,可以分别加工成片菇和碎菇。大畸形、大薄片、大空心、轻度机械损伤及修整面积较大且深者,菌盖直径在 4.5 厘米以下的,可纵切成 3.5~5 毫米薄片,加工成切片菇罐头。菌盖直径超过 4.5 厘米的大菇及脱柄、脱盖、开伞但菌褶未发黑者均可加工成碎菇罐头。整菇从顶部呈"十"字形切开,再加工成片状,菌柄横切成5毫米厚。在蘑菇罐头加工过程中出现一些碎菇是不可避免的,一般整菇与碎菇的比例为6∶4~7∶3,随原料的新鲜度、泡水时间的长短、原料的采收期及连续化操作程度而异,中期采收的菇比初、末期所采收的整菇比率大。

(6)装罐 装罐时应做到同一罐中大小均匀,不得混级。装罐量的多少常常取决于蘑菇的收缩率,通常在47.5%~51%。收缩率与菌种和预煮时间有关,固形物含量愈高,收缩率愈低;加热杀菌时的收缩与预煮时间成反比。罐藏蘑菇贮藏过程中的收缩率随盐分浓度的增加而加大,但最终达到平衡。装罐的填装高度,玻璃罐比罐口低13毫米,马口铁罐比罐口低6毫米(表6)。

表6 不同罐型的装罐量

罐 型	净重(克)	规定固形物(%)	整菇装罐量(克)	片、碎菇装罐量(克)
761	198	58	120~125	115~120
9124	850	53.5	480~490	470~480
15173	2840	63.8~68	1890~1960	1900~2000

(7)注液 装罐后,注入盐水,加盐量为菇体重和汤液重的2.5%。在盐水中通常要加0.05%柠檬酸。在盐水中加入0.1%~0.2%的维生素C,有抗氧化作用,能保护菇色。此外,还可加入0.1%谷氨酸钠(味精),以提高鲜味。注入罐内盐水要浸没蘑菇,不能留有空隙。盐水入罐温度不得低于85℃,罐内中心温度不能低于50℃,以保证罐内形成真空。

(8)排气、密封 采用加热排气时,排气10~15分钟,罐内中心温度要求达到75℃~80℃,方可开始封罐。15173型罐的中心温度达到70℃~75℃即可。如采用真空封罐机封罐,在注入85℃盐水后,立即送入封罐机内进行封罐,封罐机的真空度要维持在66.67千帕。

(9) 杀菌、冷却　蘑菇易从菌床堆肥中感染耐热芽孢杆菌,该菌适宜生长温度为 45℃~55℃,以 pH 值 6~7 为适宜,杀菌不彻底则容易造成蘑菇罐头酸败。杀菌通常是将罐头放在高压杀菌器内,在 98~147 千帕压力下,维持 20~30 分钟,杀菌的温度和时间依罐型而定。如采用间歇式高压杀菌,其工艺条件如表 7。

表 7　不同罐型的杀菌式

罐　型	杀　菌　式
761	$10'-23'-5'/121℃$
6101	$10'-23'-5'/121℃$
7114	$10'-23'-5'/121℃$
9124	$10'-27'-5'/121℃$
15173	$15'-35'-10'/121℃$

杀菌结束后出罐,置空气中冷却到 60℃,再放到冷水中冷却到 40℃。也可采用反压冷却,这样能缩短冷却时间,有利于保持蘑菇的色、香、味,但反压冷却法的杀菌效果不如冷水冷却法。

(10) 检验入库

① 检验目的:一是测定罐头杀菌条件是否充分;二是找出罐头败坏的原因。

② 检验内容:一是细菌的检验;二是理化性质方面的检验;三是感官检验。

③ 检验步骤:入库罐头,逐瓶检查,并抽样送检。取样方法:按生产班次抽样,每 3 000 罐抽 1 罐,每班每个产品不得少于 3 罐,分别送检,做感官检验、理化检验和微生物检验(细菌学检验)。细菌学检验步骤如下:

杀菌冷却至 50℃→擦罐或利用余热干燥容器表面→35℃~37℃,5~7 天,保温培养→逐罐检查

如有胖听,说明杀菌不足,应查明原因,以便纠正。

(11) 注意事项

①预防褐变和开伞:蘑菇采收后极易褐变和开伞,必须采取预防措施。

第一,在采收和运输过程中严防机械损伤。

第二,采收后于3小时内快速运往罐头厂加工,或用0.6%稀盐水浸泡,或用0.03%焦亚硫酸钠漂洗护色后装入垫有塑料布的菇箱内,再运往罐头厂。

第三,蘑菇在采收、运输和整个工艺过程中,必须尽量避免菇体长时间露于空气中。严格防止蘑菇与铁、铜等金属器皿接触,也避免蘑菇长时间在护色液或水中浸泡,以减少风味损失。

②护色:蘑菇护色液普遍采用低浓度的焦亚硫酸钠漂洗护色,但焦亚硫酸钠若在菇体中残留过多,一则影响蘑菇风味,二则也有一定的毒性。所以,目前趋于用清水或盐水浸泡护色。如果采用焦亚硫酸钠护色,则必须充分漂洗脱硫。

③蘑菇预煮:要快速升温煮沸,以煮熟为准,冷却时要用流水快速冷却,以减少营养与风味损失。

④片菇及碎菇:蘑菇切片(碎)后必须及时装罐加工。

⑤杀菌:蘑菇罐头的杀菌基本属于对流传热,升温时间10~15分钟,不论大小罐,罐内中心温度很快就可接近或达到杀菌锅内的温度。所以,蘑菇罐头宜采用高温短时间杀菌,这样开罐后汤液清,菇色较稳定,组织也较好,空罐腐蚀轻。装罐时应做到同一罐中大小均匀,不得混级。装罐量的多少常常取决于蘑菇的收缩率,通常在47.5%~51%。收缩率与菌种和预煮时间有关,固形物含量愈高,收缩率愈低;加热杀菌时的收缩与预煮时间成反比。罐藏蘑菇贮藏过程中的收缩率随盐分浓度的增加而加大,但最终达到平衡。装罐的填装高度,玻璃罐比罐口低13毫米,马口铁罐比罐口低6毫米。

2. 草菇罐头 草菇罐头加工工艺流程:

鲜菇验收→修整→预煮冷却→挑选→分级→装罐→加汤液→排气、密封→杀菌、冷却→培养检验

(1)鲜菇验收　必须严格按鲜菇等级标准进行验收,标明等级,分别装放在干净的容器中。

(2)修整　剔除杂物、开伞、破头等不合格菇。菇根基部用小刀将泥沙、草屑等清除干净,修削面保持整齐光滑,然后立即用清水漂洗干净。

(3)预煮与冷却　用夹层锅或铝锅预煮,把清水烧开,将草菇置于沸水中预煮2次(水与菇之比为2∶1)。第一次煮5~8分钟,用冷水漂洗,再换水煮5~8分钟,预煮后用清水或流动水迅速冷却与漂洗。如收购点离加工厂较远,可先采取粗加工,其方法是将修整好的草菇放入沸水中预煮5~7分钟,然后用冷水迅速冷透,装入干净的塑料桶内,加入2.5%的盐水和2%的柠檬酸溶液,立即送往加工厂。

(4)挑选分级　完整草菇分大、中、小3级供加工整菇罐头装罐,破裂等碎菇可供作切片菇罐头。大菇,横径3~4厘米,直径(菇体高,下同)5厘米;中菇,横径2~3厘米,直径4厘米;小菇,横径1.5~2厘米,直径3厘米。

(5)装罐　525克的罐头瓶装菇260~270克,315克的罐头瓶装菇150~160克。

(6)加汤液　用热水49升,加入1千克食盐,25克柠檬酸,待食盐充分溶化后,用绒布或6~8层纱布过滤,汤液的温度控制在70℃~80℃,加至离瓶口1厘米。

(7)排气、密封　加汤液后的罐头采用加热排气法,排气时间10~15分钟,罐内中心温度为75℃~80℃时方可密封,其罐内真空度要求达到46.67~66.67千帕。

(8)杀菌、冷却　封罐后的罐头立即送入杀菌锅杀菌(如选用立式杀菌锅,将水进行预热,水温控制在60℃左右,锅内水应高于

第八章 食用菌罐藏技术

罐头10～15厘米)。

杀菌公式：

$30'-60'-$反压冷却$/118℃$，罐中心温度冷却至$40℃$以下

(9)培养检验　将杀菌后的罐头用纱布擦干净，堆放于培养室内，在$30℃\sim35℃$下培养5～7天，每批罐头中抽样进行生物指标检验，合格者出厂。

(10)注意事项及要求　①草菇属高温型菇，而且是在夏季出菇，温度高，采后极易开伞或破膜，必须及时采取处理措施(快速预煮)，终止草菇的生命活动，防止其继续生长。在距加工厂远的产区，可就地预煮冷却后及时带汤运回工厂，但必须注意，严防煮熟的草菇在运输途中酸败变质。②清晨采菇时，禁用煤油灯照明，以防煤油污染，影响整批菇的风味。装鲜菇的包装物要洁净，禁用混有其他化学品(农药、化肥等)的包装物。③草菇罐头易产生酸败质量事故。因此，工艺流程要快速，工作器具必须严格清洗消毒，杀菌时间与温度必须严格控制。

3. 金针菇罐头　金针菇制成的罐头食品价格通常是蘑菇罐头价格的4～5倍，是国际市场上的畅销品种，被视为名贵的高级食品。金针菇罐头的加工工艺简单，一般食用菌厂、食品加工厂只要添置少量设备即可生产。

(1)物质准备

①主要设备：封口机、磨浆机、加热或真空排气设备、高压杀菌锅、钢精锅、温度计及部分厨房用具等。

②水质要求：生产用水必须经防疫部门卫生检查合格(符合国家饮用水标准)，透明澄清，无悬浮物，无臭异味，无致病细菌，无寄生虫卵等。

③材料要求：供罐头加工的鲜菇必须是当日采收的一级、二级菇；精盐要洁白干燥，纯度在99％以上；柠檬酸要洁白，呈颗粒状或粉末状的高纯度结晶。

(2)质量标准

①感官指标:

第一,色泽。菇盖白色至乳黄色,菇柄乳黄色至黄色,汤汁透明清澈,允许含有不引起浑浊的少许碎屑。

第二,品质。菇盖软滑,菇柄脆嫩,具有金针菇固有的鲜味和香气,无异味。

第三,组织形态。整装菇形态完整。一级品菇盖未开伞,直径在0.8厘米以下,柄长13~15厘米;二级品菇盖直径在1.5厘米左右,允许半开伞,柄长9厘米以上。菇柄基部要求色泽较浅,无病虫,无斑点。

第四,杂质。不允许存在。

②理化指标:

第一,净重。250克、500克装的罐头,允许误差±3%,每批平均不低于标准净重。

第二,固形物。不低于净重的55%。

第三,氯化钠(食盐)含量。控制在2%以下。

第四,pH值为4左右。

第五,重金属含量。每千克制品中,锌含量低于200毫克,铜含量低于10毫克,铅含量低于2毫克。

③微生物指标:无致病菌及其他微生物作用所引起的腐败征象。

④罐型:260克、520克玻璃罐,容器质量应符合部颁标准。

(3)工艺

①原料验收与修整:原料的验收标准:未开伞,菇盖直径0.8厘米以下;菌柄长10~15厘米,上部白色,基部1/3呈淡黄色至黄色,嫩而脆;菇形完整,无畸形,无机械损伤,无病虫斑点,无异味。整丛的金针菇,剪去菇根,再切去褐色部分,剔除不合格菇并进行分级。

第八章　食用菌罐藏技术

②护色处理：用0.05％焦亚硫酸钠溶液或0.6％盐水漂洗2次，再用流水冲洗多次，洗去残存的焦亚硫酸钠溶液，二氧化硫残留量不超过0.002％。

③预煮杀青：金针菇洗净后及时进行杀青处理，以杀死菇体细胞，破坏酶系统，并使组织软化，增强弹性，以便于装罐。其做法是：将鲜菇放在100℃的0.06％柠檬酸溶液中或5％食盐沸水中（菇和溶液比为1∶4）预煮3～5分钟（从投菇后水沸起计时），以菇体中心熟透为准。预煮液可使用3次（第二次、第三次应适当调酸或调盐浓度）。

④冷却漂洗：杀青后迅速捞起，投入清水中冷却，再投入生理盐水中进行脱色，漂洗时间不宜超过1小时。

⑤拣选分级：

第一，整装菇A级。菇盖直径0.8厘米以下，未开伞，柄长13厘米左右，白色至乳黄色。

第二，整装菇B级。菇盖直径1厘米左右，柄长9厘米以上，基部色较深，但不呈褐色。

第三，段装菇。菇柄基部切下的褐色部分切段装作"肉絮"罐头，柄段的长短基本一致。

第四，金针菇酱。不合格的等外菇及菇根等可用磨浆机打碎做酱。

⑥罐盖打字：按规定，全国统一采用厂代号、年、月、日、班及产品代号顺序排列法打字或印字，字迹要清晰，不得压透。

⑦煮胶圈嵌盖：将胶圈置沸水中煮1～2小时，然后嵌在马口铁盖内，再将上好胶圈的盖置于沸水中煮几分钟。

⑧配制汤液：在锅内加水10升，精盐250克，煮沸后加入柠檬酸50克，使pH值为4左右，再用4～6层纱布过滤。

⑨空罐处理：将瓶放在40℃～50℃水中刷洗干净，移入60℃～70℃的水中洗涤，再逐瓶倒入1/5瓶的清洁热水冲洗，倒置

于盘中,趁热取用,不宜放凉,以免注汤液排气时炸瓶。

⑩过磅装罐:520克玻璃罐装金针菇不得少于290克;260克玻璃罐装金针菇145克。装罐前再次检查空罐是否干净,有无破裂。手工装罐时应注意造型美观。

第一,注汤液。装好罐后应及时注入70℃左右的汤液,至离瓶口5毫米处,随即加上橡皮圈盖,但不盖紧,将罐放入排气蒸笼内加热排气。

第二,排气封罐。采用加热排气法,当罐头瓶的中心温度达80℃、汤液涨至瓶口、空气已被基本排除时及时将罐头放在封口机上封口。真空抽气密封时要求压力达到46.67～53.33千帕。封好口的罐置杀菌筐内保温准备杀菌。

第三,高温杀菌。将装有罐头瓶的杀菌筐放于高压杀菌锅内加温或通入蒸汽进行杀菌,在98千帕压力下保持30分钟,然后反压冷却。杀菌公式为:

$10'-30'-10'/121℃$

在杀菌锅水中加0.05%亚硝酸钠可以防止铁盖生锈。

第四,冷却涂漆。杀菌后的罐头,要求在40分钟内逐级冷却到罐内中心温度40℃以下。冷却后,将罐盖罐身的水珠擦干。国产马口铁罐盖最好涂上防锈漆保护,以免在存放时生锈。

第五,保温打检。将冷却至35℃左右的罐头立即搬入保温培养室,在(37±2)℃下培养5～7天。用自行车钢条逐瓶敲打罐盖检查,剔除变质漏气、浊音等不合格罐。合格者贴商标,入库存放。

第六,开罐评审。每批罐头按1%～3%抽样,开罐品评,按照成品质量标准评比,把关要严格,以保证产品质量和信誉。

(4)注意事项 在加工过程中,忌与铁质、铜质容器和器皿接触,以防变色。上面介绍的工艺是以玻璃罐头瓶为容器的金针菇罐头加工工艺。若以马口铁罐为容器,上述的加工要点也适用。

4. 香菇罐头 目前香菇的主要加工手段是干制。为了增加

第八章 食用菌罐藏技术

香菇商品的花色品种,也可把香菇加工成罐头,以提高经济效益。

(1)原料菇的选择与处理 选菇色正常、大小适中、无病虫害、无霉变、无畸形、无破碎损伤的新鲜香菇,用清水洗去(必要时)菇表及菌褶内的杂质,剪去柄下部木质化部分,留1厘米左右。大菇切成3块,中菇切成2块,小菇不切。

(2)预煮与冷却 将菇体放在5%盐水中煮8~10分钟或用0.05%柠檬酸溶液预煮,菇与溶液的重量比为1:5。煮透,外观呈半透明状,捞起放入冷水中冷透,沥干水后装罐。

若来不及加工,可将经过预煮的菇放在酸盐液中暂时保存。

酸盐液的配方为:水100升,精盐18千克,明矾150克,再用柠檬酸调pH值至3~4。或用5%食盐,加0.1%山梨酸和0.05%苯甲酸钠混合物,用柠檬酸调pH值至3~4。

装罐时要用清水充分漂洗脱盐和化学防腐剂。

(3)汤液配制与装罐、注液 汤液配方为:预煮菇汤70%、水27.5%、精盐2.5%,外加0.05%柠檬酸。配好后用4层纱布过滤,加热至80℃后注入罐中。

按不同的罐型要求,定量加入香菇,然后注入配好的汤液,液面距罐口5毫米。若用塑料铝箔包装制软罐头,注液也应留出空隙。

(4)排气、封罐 加热排气,使罐中心温度达到75℃~80℃,排气时间8~15分钟。若用塑料铝箔包装,也要把内容物加热至70℃~80℃排气。排气后趁热密封。

(5)杀菌与冷却 罐型为284克和397克的罐头,杀菌公式为:

$10'-23'-10'/121℃$

罐型为850克的罐头,杀菌公式为:

$10'-30'-10'/121℃$ 反压冷却

杀菌后迅速冷却至37℃~40℃

(6) 保温打检　将冷却后的罐头立即搬入保温培养室,在 35℃~37℃下培养 1 周左右,逐罐敲打罐盖,检查胀罐、漏气、浊音等不合格罐,将合格罐装箱入库。

(7) 开罐评审　经保温打检过的合格罐头,检查罐头外形,并抽样开罐品评,要求产品色泽淡黄,汤液清晰,具香菇特有的香味。

5. 银耳罐头

(1) 原料的选择及处理　选择朵大、片厚、色白的银耳,放入干净的凉水中浸泡 40 分钟,使之充分吸水展片,然后去蒂、去杂,将耳片撕成 2~3 厘米见方,冲洗干净,稍滤干,装罐。

(2) 装罐　将经过处理的银耳装入金属螺旋盖的广口瓶中,装至瓶高的 1/3~1/2,一般 1 千克干耳可装 200 瓶(300 克装的罐头瓶)。

(3) 制汤液及注液　汤液通常用 20% 的糖水。先准确称取白糖倒在铝锅中,然后倒入 5 倍量的开水,再加入 0.05% 的柠檬酸(不可多加,因为酸在高温时易使糖液的颜色变深)。将铝锅放在大铁锅中进行水浴,加热至微沸,用 4 层纱布过滤后,趁热加入罐头瓶中,至离罐口 5 毫米处。

(4) 排气与密封　将加了糖液的罐头瓶放在蒸笼中,将橡皮垫圈垫在螺旋盖中,并盖在瓶口上,不必拧紧,以利于排气。然后将蒸笼盖严,大火加热使蒸笼内的蒸汽快速达到 100℃时,开始计时间,45 分钟后,将蒸笼拿下,用毛巾包着将螺旋盖拧紧,放在开水中浸泡 20 分钟后取出,用毛巾擦干净,放在干燥阴凉处,使之自然冷却,即可食用。

(5) 注意事项　装罐前,罐头瓶、橡皮垫及螺旋盖一定要洗干净。另外,若螺口瓶、螺旋盖没有损坏,可回收继续使用,但橡皮垫圈不宜再用。

上述方法适用于家庭或小批量生产,若需大量生产,除银耳处理及汤液制备外,其他工艺要求可参阅平菇罐头加工工艺。

第八章　食用菌罐藏技术

6. 滑菇罐头　滑菇在我国种植较少,但在国际市场上(特别是日本)与金针菇一样畅销,随着出口贸易和国内市场要求的增加,滑菇罐头生产将会增多。这里简单介绍一下日本滑菇罐头的生产工艺。

(1)分级　在滑菇罐头的分级上没有统一标准。表8是日本山形县罐头协会的滑菇罐头分级标准。

表8　日本山形县滑菇罐头标准

类　别	等级代号	菌盖直径(毫米)	菌柄长度
未开伞菇体	T	10以下	
	S	10~16	
	M	16~22	为菌盖直径的2/3以下
	L	22~28	
开伞菇体	F	20以下	
	E	20~30	比菌盖直径稍短
	J	30~50	

注:要求菇体无病斑、无虫蛀、无破损、无重大畸形

(2)装罐　将水洗后的滑菇按罐型要求装入罐内。常用的几种罐型的内容量标准如表9所示。

表9　滑菇罐头内容量标准

罐　型	固形物(克)	内容总量(克)
4　号	200	400
5　号	90	200
6　号	140	270

因为该工艺没有进行预煮,所以装罐经加热处理后,菇体内水分向外渗出,使固形物重量减轻,所以装罐时装入量要比标准内容量多些,一般要增加75%~80%。例如,4号罐内容量为400克,

应加入鲜滑菇 350 克,再加水 50 毫升,使内容总量达到 400 克。装罐时要特别注意不要混入杂物。

(3)排气与封罐　装罐后送入排气箱进行排气,排气时要求罐中心温度达到 85℃ 以上,4 号罐排气 15～20 分钟,6 号罐排气 10～15 分钟,排完气后趁热封罐。排气时温度要控制好,当温度过高时,滑菇或汤液容易流出来;当温度太低时,排气不充分,影响产品质量。

(4)杀菌　封罐后立即进行杀菌,杀死罐内的腐败性微生物。杀菌有煮沸杀菌和蒸汽杀菌 2 种,只要杀菌彻底,效果是相同的。必须掌握好杀菌时间,若杀菌时间太长,则滑菇的色泽不好;若杀菌时间太短,则杀菌不彻底。如果杀菌温度是 100℃,4 号罐需 1 小时,6 号罐需 40 分钟。

滑菇与其他食品不同,虽然经 100℃ 杀菌 1 小时,但为了达到充分杀菌的目的,杀菌 1 小时后,降温速度慢些为好。经过排气、封罐的罐头必须当日杀菌,不可放到第二天。

(5)冷却　杀菌后的罐头放在流动的冷水中分段冷却 1 小时,取出后擦干。

(6)检查　冷却后的罐头,经 35℃ 培养 1 周后,用检验棒轻轻敲打,根据声音来判断合格与否。

(7)装箱　每箱装 4 号罐 48 听,或 6 号罐 96 听,不要把不同等级的混装到一箱里,箱外注明规格和厂名后,封箱打包。

(四)罐头常见败坏现象及其原因

罐头食品败坏的现象和原因是很复杂的,现将常见的败坏分为下面 3 类,进行简单说明。

1. 罐形变化的败坏

(1)胀罐　细菌作用产生气体而形成的内压使罐头的底盖向外突出,这种胀罐根据发生阶段的不同有轻微和严重胀罐之分。

第八章 食用菌罐藏技术

①撞胀：罐头外形正常，如将罐头抛落撞击，能使一端底盖突出；如施加压力，底盖即可恢复正常。

②弹胀：罐头一端或两端底盖稍向外突出，如施加压力，则可以保持一段时间的向内凹入的正常状态。

③软胀：罐头的两端底盖都向外突出，如施加压力，则可以使其正常，但是除去压力，立即恢复外凸状态。

④硬胀：这种胀罐是最严重的，施加压力也不能使其两端底盖子平坦凹入。

胀罐的形成是由于细菌的存在和活动产生气体，导致罐头内容物发生恶臭味和产生毒物。

轻微的胀罐（如撞胀或弹胀）也可能是由于装罐过量、排气不够或杀菌时热膨胀所致，这种胀罐无害。

(2)氢胀 这也是一种胀罐，外形与上面的胀罐一样，发展的阶段也是一样，但这是由于罐壁的腐蚀作用而释放出氢气，产生内压，使罐头底盖外凸。这种胀罐多发生在酸性菇类罐头中，如汤液中加了太多的柠檬酸，且用马口铁包装的罐头，常发生这类胀罐。这类胀罐不危及人体健康安全。

(3)漏罐 由罐头缝线或孔眼渗漏出部分内容物。这是由于封盖时缝线形成的缺陷，铁皮腐蚀生锈穿孔，或是由于腐败微生物产生气体而引起过大的内压，损坏缝线的密封，或机械损伤，都可造成这种漏罐。

(4)变形罐 罐头底盖不规则的出成峰脊状，很像胀罐。这是由于冷却技术掌握不当，消除蒸汽压过快，罐内压力过大造成严重张力而使底盖不整齐地凸出，冷却后仍保持其凸出状态。这种情况一冷却出来就形成，而不是在罐头贮存过程中形成的。因罐内并无压力，如稍加压力即可恢复正常。这种类型对罐内菇体品质无影响。

(5)瘪罐 多发生于大型罐上，罐壁向内陷入变形。这是由于罐内在排气后,真空度增高、过分的外压或反压冷却等操作不当造成的,对罐内菇体品质无影响。

2. 理化性状败坏 这类败坏主要表现在菇体变色、变味等。菇体变色形成的原因很多,如贮藏时间过长,菇体内含硫物质与铁皮腐蚀下来的铁反应产生黑色物质,污染菇体;菇体内的单宁也可与铁皮起反应产生黑色物质。

罐头铁皮的腐蚀是一种电化学作用。防止方法:要注意充分预煮、排气;留有的顶隙要对氢气有足够的容纳量;罐头尽量贮存在低温干燥地方,并使用适当的马口铁材料。

菇类罐头也常发现异味现象。在原料预处理过程中,由于卫生条件太差或过分拖延时间,使产品在微生物的作用下产生异味。容器气味的污染也会产生异味,如用松、杉木箱装运菇体及金属容器接触菇体等。如果容器内部在制作中污染机油、柴油、汽油等,会带来严重的异味。此外,菇体也会因酶在热处理时没被破坏,在贮藏时发生酶促生化反应,使菇体败坏而产生异味。

3. 微生物引起的败坏

(1)杀菌不彻底引起的败坏 杀菌不彻底致使某些微生物得以幸存,在适宜的条件下,微生物就活动起来,产生气体的就形成胀罐;不产生气体的,则罐头外形无变化,而罐内菇体腐败,如酸败。这类败坏都是由于微生物在杀菌过程中没有完全被杀死,有的虽严格执行了杀菌操作要求,但由于原料过分污染,大量细菌存在而使杀菌达不到要求。

(2)罐漏引起的败坏 由于封罐机的调节不当,形成缝线的缺陷;或因在杀菌中操作不慎,造成缝线的松弛;或因冷却水的过分污染,冷却时罐内吸入污水;或因处理不当,损害密封缝线等,引起外界微生物侵入罐内,产生败坏。

(3)杀菌前的败坏 在原料准备过程中,拖延时间过久,因为微生物的繁殖而导致严重的败坏。杀菌后只不过停止继续败坏,

第八章 食用菌罐藏技术

已形成的败坏则保留在罐中。

思考题

1. 罐头食品可以在室温下安全贮藏半年以上,其主要原因是什么?
2. 简述食用菌罐藏加工的工艺流程。
3. 在蘑菇罐藏加工中,装罐注汁和排气密封的技术要点是什么?
4. 在常见食用菌罐藏加工中,草菇罐藏加工的工艺有什么特殊要求?
5. 何谓杀菌?何谓灭菌?何谓消毒?举例说明杀菌式的含义。

第九章 食用菌速冻加工技术

物体中所含的水分部分或全部转变成冰的过程,称为冷冻或冻结。冷冻,一般是为了使食品于低温下做较长期的保藏。将漂烫冷却的子实体置于低温环境,使其迅速通过冰晶形成阶段,然后置于低温冷库中冻藏的加工方法,称为食用菌速冻加工。现在,我国生产的肉、鱼、禽、虾等冻制食品,速冻蔬菜(包括速冻蘑菇)及冻制春卷和烧麦已远销国外。今后,包括速冻食用菌在内的冷冻食品必将随着我国国民经济不断发展和人民生活水平不断提高而迅速发展,成为我国食品工业中的一项重要产品。

一、速冻加工原理

微生物的生长繁殖和食用菌内固有酶的活动常是导致子实体腐败变质的主要原因。经过漂烫杀青,速冻后冻藏的食用菌,自身已丧失了生活活力,酶解作用完全中止;同时,子实体中的水冻结成冰后,使微生物无法利用子实体中的水分与营养(水变为冰的实际效果,与脱水干制的效果相仿);其后的冻藏又造成了一个特别低温(—18℃左右)的环境,使腐败微生物无法活动,使产品得以保藏。

二、速冻加工技术

速冻蘑菇是我国出口食用菌的品种之一。由于采用快速冻结的先进设备和科学工艺,可在30~40分钟内完成冻结过程,使冻品的中心温度达到—18℃,从而使蘑菇在冻结过程中所发生的各

第九章 食用菌速冻加工技术

种现象达到最大限度的可逆性,使速冻蘑菇较大程度地保持鲜菇的营养价值和风味。现将速冻蘑菇的工艺流程及技术要点简介如下:

(一)工艺流程

原料挑选→护色装运→漂洗脱硫→大小分级→漂烫→冷却→精选和修整→排盘和冻结→挂冰衣→包装冷藏

(二)技术要点

1. 原料挑选 目前,速冻蘑菇主要是外销。因此,原料菇必须根据出口要求严格挑选。原料必须新鲜,色白,菇体完整,无病虫害,无杂质,无异味;菇盖直径为 2~5 厘米,圆形或近圆形,无明显畸形,表面光滑,无鳞片,无斑点,无机械损伤,不得开伞,但允许菌幕与菌柄即将脱离而未裂开,菌褶未变黑的轻微薄皮菇;菌柄切削平整,长度≤1 厘米,切面无空心、无缺刻、不起毛、无变红等现象。总之,宜挑选外观鲜美、品质上等的鲜蘑菇作为原料菇。

2. 护色装运 蘑菇采收后,由于呼吸作用、蒸腾作用和酶促褐变等原因,容易失重、萎蔫、变色或变质,导致鲜菇质量下降。为了有效地抑制上述现象的发生,采收后尽可能在 2~4 小时内进行加工。如果蘑菇房离加工厂较远,采收后要立即(一般在 3 小时内)进行护色处理,并及时装运回工厂加工。

鲜菇护色方法有以下 2 种。

(1)稀薄食盐溶液护色装运 蘑菇采摘后浸入浓度为 0.6%~0.8%食盐溶液中运回加工厂。从食盐对酚酶的钝化作用来说,需要 20%的浓度才行,但这会严重地影响蘑菇风味和品质。生产中使用低浓度盐水,可减少水中氧的含量,而且氯离子也可阻止酚酶对底物的作用,从而减缓褐变。采用此法,要求从浸泡至加工不得超过 6 小时。

(2) 亚硫酸盐溶液处理　　常用的亚硫酸盐有亚硫酸钠、焦亚硫酸钠等。为了防止蘑菇氧化褐变,有效地抑制氧化酶的活性,采收后先用0.03%焦亚硫酸钠溶液漂洗1次,再移入0.06%焦亚硫酸钠溶液中浸泡2~3分钟,换清水运回加工厂。加工厂若远离菇房,可在当地进行护色处理后,捞起用塑料薄膜袋盛装,并套以木桶或木箱,扎口快速运回厂内。

3. 漂洗脱硫　　近年来,随着食品工业的发展,食品卫生要求日益严格,亚硫酸盐用于护色,目前在美国已被完全禁用,日本部分厂家尚有应用,我国亦不主张应用。在必须应用时,应严格掌握好护色液浓度和护色时间,既要达到护色效果,又要避免产品含硫量超标。

经过亚硫酸盐护色处理后的蘑菇,进厂后随即捞出移入流水中漂洗脱硫,将蘑菇中二氧化硫的含量降至国家标准(二氧化硫残留量≤0.002%)范围内。通常漂洗30分钟即可。

4. 大小分级　　为了便于漂烫和销售,蘑菇护色、漂洗后要立即按大小进行人工挑选分级或用分级机分级。

根据速冻蘑菇销售习惯,成品大小规格按菇盖直径大小可分为大、中、小3个级别。大级菇36~45毫米,中级菇26~35毫米,小级菇15~25毫米。鲜菇含水量较高,漂烫后水分外溢,菇体缩小约5毫米。因此,原料菇(鲜菇)直径应比成品菇相应增大5毫米左右。

在按大小进行分级的同时,检查和剔除不合格菇及杂质。护色液的护色作用一般仅能维持数小时,因此,护色处理后的蘑菇要尽快进行大小分级,边护色、边漂洗、边分级、边漂烫、边冷却,尽量缩短蘑菇在空气中的暴露时间,以免影响护色效果。

5. 漂烫与冷却　　漂烫使用可倾式夹层锅或连续式漂烫机,也可使用白瓷砖砌成的漂烫槽(池),通入蒸汽管加热连续漂烫。通常150升水每次投料以15千克为宜,漂烫液可添加0.3%的柠檬酸,将 pH 值控制在 3.5～4。煮沸时间大级菇 2.5 分钟,中级菇 2 分钟,小级菇 1.5 分钟。为了保证漂烫质量,在漂烫过程中,应注意水质浑浊度及 pH 值变化情况,适时更换漂烫液。

为了保持蘑菇固有的良好风味,漂烫与冷却要紧密衔接。为此,可将蘑菇连同盛装竹篓一同移入 3℃～5℃ 流动冷却水池中或碎冰水槽中冷却 15～20 分钟,以最快的速度使漂烫后的菇体温度降至 10℃ 以内。在生产中,要经常注意冷却池中冷却水的温度,适时加冰降温。

6. 精选和整修 精选和整修是保证产品质量的重要一环。漂烫、冷却后的蘑菇可倒在清洁的不锈钢台面上进行精选,剔除菇体不完整的脱柄菇、掉盖菇、畸形菇、开伞菇、变色菇、菌褶变黑菇等不合规格的劣质菇。对于泥根、柄超长、起毛或斑点菇应进行整修,至于特大菇和缺陷菇,经修整后可区别开来作为生产速冻片菇加以利用。

7. 排盘和冻结

(1)排盘 将蘑菇精选和整修后,即应进行速冻。为使蘑菇能在短时间内快速冻结,必须采用排盘散冻。冻结前,先将菇体表面附着的水分滤干,单层摆放于冻结盘中,同时用沸水消毒过的毛巾拭干盘底积水,然后进行速冷。

(2)速冻 将单层摆放的蘑菇连同冻结盘置于螺旋冻结机入口处的不锈钢网状传送带上,传送带由下部进入后旋转上升,由上部传出。传送带的运行速度可随冻品的排盘厚度和工艺要求进行调节。冻结温度为 $-40℃$～$-37℃$,冻结时间 30～45 分钟,冻品中心温度达 $-18℃$。

8. 挂冰衣 挂冰衣就是在速冻处理后的菇体表面裹一层薄冰,这样可使菇体与外界空气隔绝,防止蘑菇干缩、变色,保持冻品外观色泽,延长贮存时间。当冷链运输条件特别好,而且不需要延长贮存时间时,也可以不挂冰衣,速冻后直接包装冷藏。

挂冰衣多在螺旋冻结机出口处的低温车间内进行。将经过冻结的蘑菇(有互相粘连的先用小木槌轻轻敲开,使之成单个菇粒),立即倒入小竹篓中,每篓盛装约2千克,随同竹篓一齐浸入2℃～5℃的清洁水中,2～3秒钟后立即提出竹篓,倒出蘑菇,菇体表面很快形成一层透明的薄冰衣。速冻蘑菇的冰衣厚度以薄为好,过厚影响外观,一般以增重8%～10%为宜。为防止挂冰衣的冷水结冰,在操作过程中,每隔一定时间,可添加适量清水,以维持冷水温度在2℃～5℃。

9. 包装和冷藏

(1)包装　包装是为了保护商品性状、便于保管和运输。包装通常结合挂冰衣工序同时进行。包装常按出口规格要求分为0.5千克/袋和2.5千克/袋2种,用无毒、耐低温塑料袋盛装。采取边挂冰衣、边装袋、边称重、边封口的流水作业法,随后装入双层瓦楞纸箱内。纸箱必须牢固,表面涂布防潮涂料,箱内衬垫防潮纸,箱中整齐排列一定的袋数,箱口用封口纸黏牢固。箱外印刷品名、规格、生产日期、生产厂家等,随即搬入低温冷库(冻库)冷藏。在包装过程中,包装车间温度要低,包装操作迅速准确,避免冻品回温,造成冰衣溶化,影响品质。

(2)冷藏　为了使速冻蘑菇在较长时间内安全贮藏不变质,还必须在低温冷库中进行冷藏。贮藏期冷库温度应稳定在 -18℃,库温波动不超过1℃,空气相对湿度95%,湿度波动不超过5%。同时,速冻蘑菇应避免与有挥发性气味或腥味的冻制品贮藏在一起,并要掌握好安全期,执行先进库先出库的原则,经常检查冻品的品质变化和库内温度变化情况,发现问题及时处理。

加工合格、管理得好的速冻蘑菇,一般可安全贮藏3～12个月。

三、个体冻结法及速冻设备简介

(一)个体冻结法

颗粒状食品,不论是蔬菜、虾肉,还是蘑菇、草菇,原先都是先行包装,冻结成块,现在则采用先个体冻结后再包装的方法,这样从袋内倒出食品就非常方便。个体冻结时,散体食品(如蘑菇)常有相互粘连的现象出现。故包装前从冻结盘中倒出的食品常需先用粗碎机将相互粘连的成品进行机械性离散,也可用小木槌敲散,再行包装。

(二)速冻设备简介

常用速冻设备有以下几种:①可供分批冻结用的鼓风速冻室。②用输送带或小推车进行连续冻结的隧道式鼓风速冻设备。手推车到达隧道式速冻设备末端时食品业已完全冻结,手推车可以直接送往冻库内保藏。③生产线用回旋式输送带式速冻设备,它可以和连续生产线组合在一起,适宜于冻结散体食品。④螺旋冻结机(图11)。它的冻结室为方形的直立井筒体,装食品的浅盘自下而上移动,在传送过程中完成冻结,一般可用于冻结青豆、蘑菇等颗粒食品。

图11 螺旋冻结机

思 考 题

1. 何谓速冻加工？
2. 为什么要求速冻而不是缓慢冻结？
3. 试论述速冻食品的卫生安全保障体系。
4. 简述速冻蘑菇的工艺流程及技术要点。
5. 在蘑菇速冻加工过程中，挂冰衣的目的是什么？怎样挂冰衣？

第十章　食用菌深加工技术

一、食用菌深加工现状

随着科学技术的不断进步,人们的生活水平不断提高,人类一直探索寻找能改善生物功能,使人类更健康,精力更充沛,可延年益寿的新物质资源和膳食结构。

近年来,人们发现食(药)用菌是一种丰富的天然营养保健品资源,其食用和药用价值更受到重视。食用菌类食品集营养性、天然性、安全性、药用性于一身,有其巨大的优势和市场潜力。到目前为止,已研制许多食用菌类功效食品(Functional Food)、休闲食品类绿色食品,如平菇、金针菇、银耳饮料,猴头菇口服液,猴头菌蛋黄酱,香菇蒜蓉酱,香菇松,茯苓八珍糕,茯苓夹饼,银耳茯苓八宝粥等。

传统意义上的食用菌加工,一般是指干制、盐渍、罐藏和速冻加工,就其本质而言,只是一种食用菌保藏的手段,其商品性质(包括蘑菇形态和风味)并未发生变化。食用菌深加工是指采用不同的加工工艺,使蘑菇制成品的商品外观和内在品质都出现根本性变化,并具有各自的商品属性。食用菌深加工有其极为丰富的内涵,根据商品性质和市场的不同,可以划分为食品类、保健食品类和真菌药剂。

食品类包括老年食品、儿童食品、功能食品、运动员食品、美容食品、旅游食品等。保健食品包括营养口服液类、保健饮料类、保健滋补酒类、速溶茶类、浸膏糖浆类、保健胶囊类、蘑菇精粉类、菌粉类和孢子粉类等。灵芝孢子粉是孢子粉的惟一代表。

菌粉主要是深层发酵产物的干制品,蘑菇精粉是子实体经超低温粉碎的超细粉末。灵芝粉、香菇粉、灰树花粉、虫草菌粉、姬松茸粉、猴头菇粉等都属于菌粉类。

精粉表面积大,吸收好,较之菌粉能更好地保存生理活性成分,故在保健食品生产中格外引人瞩目,目前生产的精粉有灵芝精粉、虫草精粉、牛肝菌精粉以及富硒蘑菇精粉等。精粉和菌粉除直接服用外,又是保健食品生产基料的重要来源。

真菌多糖是一类具有重要药用价值的生物活性物质,受到国内、外食用菌界和药学工作者的重视。目前,已经广泛开发应用的真菌多糖种类很多,如安络小皮伞多糖、灵芝多糖、云芝多糖、香菇多糖、虫草多糖、猪苓多糖、蝉花多糖、灰树花多糖、姬松茸多糖、猴头菇多糖、金针菇多糖、鸡腿菇多糖和蜜环菌多糖等。

真菌药剂是药用真菌与临床医学相连接的桥梁,一直为我国药学工作者所重视,自1985年实施《药品管理法》以来,经省、部批准生产的真菌单方或复方药剂就有香云肝泰片、珍合灵片、心肝宝胶囊、胃乐新、复方树舌片和竹红菌软膏等100多个品种。加强真菌药剂的研制与开发,对人类保健事业和发展食用菌深加工都具有重要意义。

食用菌深加工涉及菌物学、发酵科学、食品工程学、生理学、营养学、医学、药学、预防医学、生物化学和生产管理学等多个学科;为了能适应国际大市场竞争,开发高品位产品要涉及多种高新加工技术。为了推动这门产业的健康发展,不但要有各学科专业技术人员和管理人员的合作,还应设立专业研究机构,在高等院校培养专业人才,才能更好地促进食用菌深加工的发展,形成新的产业结构,使我国食用菌产业走上新台阶。

第十章 食用菌深加工技术

二、食用菌深加工实例

(一)香菇松加工技术

代料香菇菌柄较长,加工时常需剪去部分菌柄。剪去部分占子实体干重的 1/4～1/3。生化分析结果表明,香菇菌柄中仅游离氨基酸含量略低于菌盖,其香菇多糖含量与菌盖相当,亚油酸含量略高于菌盖。因为香菇菌柄为半纤维质和纤维质,干后质地粗硬,不宜直接食用,故目前多将剪下的菌柄抛弃。组成香菇菌柄的纤维素、半纤维素属于食物性纤维。取食一定的食物性纤维对人体健康极其有益。它能增强胃肠蠕动,预防便秘;同时,食物性纤维还能吸附血液中多余的胆固醇,经过肠道排出体外,从而解除"富贵病"对人类的困扰。

利用香菇菌柄富含食物性纤维这一特点,借鉴(牛)肉松加工技术,将质地粗硬的菌柄,加工成质地酥松的香菇松,可为菇民增收,为消费者提供美味保健食品,变废为宝,一举数得。所以,香菇菌柄具有很好的利用价值。

现将香菇松加工技术简介如下。

1. 基本设备和原辅材料 制作香菇松的主要设备包括肉松炒制机、打丝机、擦菇松机、脱水机和塑料袋封口机。制作香菇松的主要原料是香菇菌柄,调味料主要是色拉油或花生油、白糖、精盐、料酒、味精、辛辣料等。

2. 加工技术

(1)工艺流程

挑选香菇菌柄→浸泡漂洗→加热软化→拣选去杂→打丝→炒制→调味→炒制→搓松→称重包装

（2）技术要点

①香菇菌柄选择：挑选色浅、干燥、无霉变生虫、无木屑残留物的菌柄作为加工香菇松的原料，长度1厘米以上，较粗壮者为佳。

②浸泡漂洗：将挑选合格的菇柄称重后倒在木桶或水池内，加水浸泡5~7小时，用竹片将菇柄压没水中。水质以软水为佳，自来水也可以。浸泡过程中经常用木棒搅拌菇柄，使其均匀吸水，并除去菇柄上的杂质。浸泡结束时，用清水漂洗1~2次。

③加热软化：将浸泡漂洗后的菇柄倒入水中煮沸20~30分钟，并不断搅拌，直至软化为止。随后沥干，并用冷水漂洗；或以木醋液（加水量3%）处理1分钟后，在高压蒸汽（0.11兆帕，121℃）条件下，处理5~8分钟。

④拣选去杂：剪去含有木屑的部分，搓去菇柄表面的黑色物。

⑤打丝：在打丝机中，将菇柄加工成丝条状，或在锅内（不加热）用锅铲压搓菇柄，使菇柄纤维充分分离，形成丝状。

⑥炒制：人工炒制或机械炒制均可。机械炒制可在肉松炒制机或茶叶杀青锅中进行。在炒制过程中，应不断搅拌，以利于均匀炒干，并注意调控锅温，以不炒焦为度。

⑦调味：按市场适销风味进行调味处理。以下调味料配方可供参考。

以干菇柄100千克计：精盐7千克、白糖22千克、味精1千克、白色酱油1升、料酒0.5升、色拉油或花生油10千克、辛辣料等适量。

⑧炒制：基本操作同⑥。炒制过程中，不断搅拌，使调料均匀地混合于香菇松上，并注意火力大小，防止褐变或结团炒焦。炒至七八成干即可。

⑨搓松：将炒制后的半成品晾冷，在擦菇松机上搓松，即得香菇松成品。

⑩包装：将香菇松成品定量分装于塑料薄膜食品袋中，（PP或

第十章 食用菌深加工技术

PE袋,膜厚0.06～0.08毫米),用塑料袋封口机封口后,保藏于阴凉、干燥处。

3. 香菇松系列产品 香菇松的风味决定于调料配方。厂家可根据市场需求,制订最佳调味料配方,投其所好,开发香菇松系列产品。例如,在香菇松炒制后期,拌入菇松重量10%～20%的猪(牛)肉松,混拌均匀,即成香菇肉松或者香菇牛肉松。香菇松或香菇肉松,既可作为糕点或八宝饭、粥的原料,也可作为休闲食品直接食用。因此,生产与贮运销售者必须严格遵守食品卫生法的有关规定。

(二)茯苓八珍糕加工技术

茯苓[*Poria coccos*(Fr.)Wolf],别名松腴,在我国自古作为食品和药材。中医认为茯苓味甘淡,性平,入心、脾、肺经,具有利尿、渗湿、益脾和胃,宁心安神,轻身盈气,延年不老等功效,可治小便不利、水肿胀满、痰饮咳逆、心悸失眠等。现代医学研究报道,β茯苓聚糖,由于具β(1～6)分枝,不具抗肿瘤作用,若去除分枝,就转化为有高度抗肿瘤性能的茯苓多糖。茯苓聚糖可增强人体免疫功能。茯苓还具有抗菌、降血糖和降低胃酸、预防胃溃疡等作用。

现代营养学家对慈禧太后的养颜益寿药方进行分析研究,发现其常用的补益中药共64种,而使用率最高的一味中药就是茯苓,占78%。其次是白术,第三是当归。

茯苓八珍糕是以茯苓粉和糯米粉、粳米粉、富强粉等为主要原料,利用现代糕点制作工艺加工的一种具有食疗作用的休闲食品。现将其加工技术简介如下。

1. 原料及配方 糯米粉250克,粳米粉900克,富强粉120克,茯苓粉50～150克,绵白糖200克,泡打粉、薄荷油、食用油等各适量,水450毫升。

2. 技术要点

(1)制潮粉 将粳米淘洗、浸泡、清洗后晾干,磨细,称为潮粉。

(2) 擦糕粉　根据预备试验所筛选的配方在潮粉中加入富强粉、茯苓粉，混合均匀；将绵白糖加入适量的水及食用油调匀，对入干粉中，并加入适量薄荷油，擦细，适当调整水分，以松散、手捏紧能结块为度，再用16目筛将糕粉筛1遍。

(3) 制糕坯　将糕粉倒入模板内压成糕坯。

(4) 熟制　熟制的方法有烘烤、微波烘烤和蒸制3种。

①烘烤：将制品生坯（糕坯）整齐摆放在烤盘内，在制品表面刷上食用油，调节好炉温，把烤盘推入面包炉内。根据制品需要的烤制时间准时出炉。

②烘烤温度及时间：上火230℃、下火200℃，烘烤8分钟。

上火200℃、下火150℃，烘烤3~4分钟。

③微波烘烤：将制品生坯整齐摆放在微波炉专用盘中，调节火力至中低（功率），烘烤2分钟。

④蒸制：蒸糕时不需事先压模，应将擦好的糕粉用16目筛筛入蒸格内，抹平，上面用纱布盖好，隔水蒸熟。

按照上述方法制作的茯苓八珍糕含水量适中，成品具有糕色自然、松软适口、微甜清香的特点，且略带茯苓风味。用塑料袋包装后，在室温（15℃~25℃）下可保存5天以上。

(三) 灵芝银耳美白润肤霜加工技术

灵芝银耳美白润肤霜是以灵芝、茯苓、银耳浸提液为主要原料制作的一种润肤美容化妆品。现将其加工技术简介如下。

1. 原料及配方　制作灵芝银耳美白润肤霜所需要的原料主要包括灵芝、茯苓、银耳、羊毛脂、硬脂酸、白矿油、凡士林、甘油、蒸馏水、香精、山梨酸钾等。参考配方如下：

(1) 水相　蒸馏水64份，甘油13份，灵芝、茯苓、银耳浸提液4份。

(2) 油相　羊毛脂5份，硬脂酸6份，白矿油2份，凡士林6份。

第十章 食用菌深加工技术

2. 技术要点

(1)工艺流程　灵芝银耳美白润肤霜的工艺流程如图12所示。

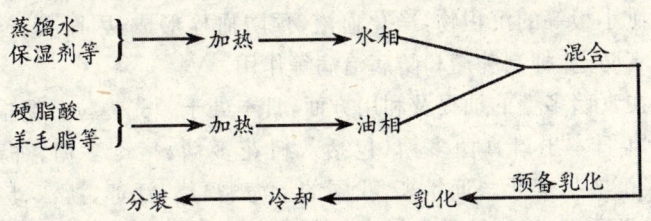

图12　灵芝银耳美白润肤霜的工艺流程

(2)技术要点

①制备银耳、灵芝、茯苓浸提液:称取干银耳12克、干灵芝2克、干茯苓2克,而后放于装有450毫升水的烧杯中,煮沸2小时,经80目筛过滤得到65克提取液1;再向残渣加水400毫升,97℃浸提1.5小时,用80目筛过滤得到提取液2,将提取液1、2合并即为银耳浸提液。

②加热搅拌乳化:先将水相置95℃水浴中,持续加热20分钟,而后冷却至75℃;再将油相置75℃水浴中,持续20分钟;然后将油相倒入水相中,在双向磁力搅拌器中加热乳化。

③加入香精:乳化已经完成并冷却至50℃～60℃时加入。香精是易挥发物质,成分复杂,温度高时很容易损失。

④加入防腐剂:乳化完成并冷却至50℃～60℃时加入。

⑤快速冷却:在加入香精和防腐剂后,进行快速冷却,以便获得膏体软滑细腻的灵芝银耳美白润肤霜。

按照上述方法制作的"灵芝银耳美白润肤霜"的感官质量,可以达到满意的水平。

(四)香菇多糖注射液制备技术

数百年来,西方一直视蘑菇为神物,我们则称之为山珍。这不仅仅是因为菇类(包括双孢蘑菇、香菇、猴头菇、灰树花等)美味可口,营养丰富,更因其含有某种特殊成分——真菌多糖或糖肽。这种特殊成分具有诱生干扰素,可提高人体免疫功能,又能清除胆固醇和血小板等的沉积物,净化血液、预防血栓形成,因而具有显著的抗衰防老,抑制肿瘤和防病治病等作用。

在真菌多糖的抽提及利用方面,日本处于领先地位。据报道,1991年日本出口真菌多糖(包括灰树花多糖、猪苓多糖、香菇多糖)换汇5亿美元。近年来,我国的上海、福建、江苏、浙江、广东、江西、湖北等省、直辖市先后进行或正在进行真菌多糖的抽提及多糖胶囊、多糖注射液的应用研究,取得了一定的成效。现以香菇多糖为例,介绍真菌多糖注射液的制备及其质量检测方法。

1. 原料及设备

(1)香菇菌种 Cr-02、Cr-20、苏香1号、7402、7925等适于液体深层培养的香菇菌种,任选其一备用。

(2)主要设备 上海保兴生物设备工程有限公司BIOTECH系列多级发酵罐(7//50/100L)或日本产MST-30L全自动发酵罐、旋转式摇床、超净工作台、高压蒸汽灭菌锅、恒温培养箱、G4玻璃滤菌器、组织捣碎机或均质器、干燥箱等。

2. 技术要点

(1)香菇菌液体深层发酵

①母种活化培养基:马铃薯200克、葡萄糖20克、磷酸二氢钾2克、硫酸镁0.5克、维生素B_1 10毫克、琼脂20克、水1000毫升,制作方法同普通试管培养基(PDA)。

活化培养,在超净工作台上或接种箱内,按无菌操作,将供试香菇菌种转接到原种活化斜面培养基上,置恒温培养箱中,调温25℃,培养12~14天。经检验合格者,转入4℃冰箱保藏备用。

②摇瓶培养的培养基:

配方1:玉米粉30克、麸皮20克、葡萄糖10克、无机盐及维

第十章 食用菌深加工技术

生素适量、水1000毫升。

配方2:蛋白胨2克、酵母浸膏2克、磷酸二氢钾0.46克、磷酸氢钾1克、泻盐0.5克、葡萄糖20克、蒸馏水加至1000毫升。

将配制好的培养基分装于三角瓶中,250毫升三角瓶每瓶装50～60毫升,500毫升三角瓶每瓶装100～120毫升,经0.1兆帕、121℃灭菌20～30分钟。晾至室温后,按无菌操作,接种经活化培养的香菇菌种。接种量为每支试管(18毫米×180毫米)菌种接种4～6瓶。接种后置恒温摇床(偏心距3～6厘米)避光培养。培养条件为(25 ± 1)℃,125～180转/分,4～6天。

摇瓶培养的菌种经均质化处理至菌丝团50～1000微米,可减少菌种用量,缩短发酵罐培养周期,增加菌丝体产量。均质器、混合器、分散搅拌机、水果榨汁器或螺旋搅拌机等,是菌种均质化的常用工具。使用任何工具进行菌种均质化处理,都必须严格无菌操作,以免菌种受污染,造成失败而倒罐。

③发酵罐培养:

培养基配方:每升培养基内含玉米粉40克、黄豆粉15克、葡萄糖10克、氯化钙0.1克、硫酸镁0.5克、硫胺素(维生素B_1)100微克。

发酵罐培养时,先将有关设备及培养基经高压蒸汽灭菌(0.11兆帕,121℃,30分钟),晾至室温后接入摇瓶种子,接种量一般为10%V/V。发酵的罐温(25 ± 1)℃,罐压50千帕,通气量1:0.3～0.5 V/V/分,搅拌150转/分,发酵周期120～150小时。

放罐标准:发酵醪为淡黄色,具有典型的鲜香菇香味,无杂菌污染,菌丝球直径1～2毫米,且菌丝球充满发酵液。

(2)香菇多糖注射液制备

①工艺流程:制备香菇多糖注射液的工艺流程如图13所示。

②技术要点:

乙醇浸提:将放罐的发酵醪先过滤,得滤渣(菌丝球),用组织

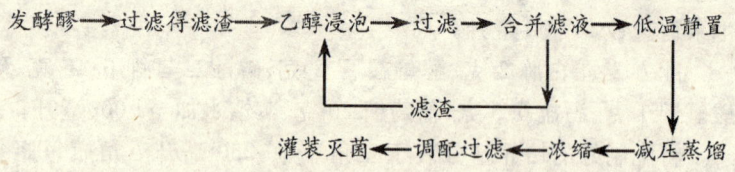

图 13 制备香菇多糖注射液的工艺流程

捣碎机或均质器使菌丝球破碎成菌丝片段,加 10 倍于菌丝体体积的 95% 的乙醇,60℃保温浸泡 24 小时,并经常搅动。用细绸布过滤,或 2 500 转/分,10 分钟,离心得滤液。再加滤渣 8 倍体积的 85% 的乙醇,按上述方法得滤液。再加 6 倍于滤渣体积的 75% 的乙醇,用同样的方法得滤液。将 3 次滤液合并,置 4℃～8℃冰箱或冷库中过夜。

浓缩处理:将低温静置处理的滤液,减压蒸馏回收乙醇,蒸馏温度 60℃左右。再将蒸馏过的滤液放在搪瓷盘中,置电热鼓风干燥箱中,加温(70℃～80℃)浓缩至黏稠状,制成 50% 左右的香菇多糖乙醇溶液(香菇酊)。

调配过滤:将上述香菇酊收集在一起,加入 0.3%(W/W)的活性炭,煮沸 10 分钟进行脱色处理,然后过滤或离心,得澄清透明的滤液。冷却至室温后,加入 0.2% 的吐温 80,充分搅匀,过滤得滤液。滤液加 1.5% 的苯甲醇,混匀,用 10% 氢氧化钠溶液调 pH 值至 6.5 左右,4℃～8℃冰箱静置过夜。再将药液用 G4 玻璃滤菌器除菌,得澄清透明的香菇多糖注射液。

灌装灭菌:将安瓿瓶冲洗干净,蒸馏水煮沸消毒 30 分钟,甩干水分,装在大饭盒内干热灭菌 180℃,2 小时。再将除菌药液分装在安瓿瓶中,立即在喷灯上封口,100℃流动蒸汽灭菌 30 分钟,即成香菇多糖注射液成品。

生产中,也可用干香菇粉碎过 60 目筛得菇粉,替代发酵罐培养的菌丝体浸提香菇多糖,制备香菇多糖注射液或香菇多糖胶囊。

第十章 食用菌深加工技术

(3)质量检验方法

①无菌检验:按《中国药典》有关无菌检查章节,配制供需氧菌检查用的需氧培养基,供厌氧菌检查用的厌氧培养基,以及供霉菌检查用的霉菌培养基。各培养基每支试管分装量为15毫升。检查工作在无菌条件下进行。任取2支注射液安瓿,用75%的酒精浸泡3分钟后,用灭菌脱脂棉球擦干酒精,在酒精灯火焰上打开安瓿,用灭菌注射器取待检试液0.5毫升,分别接入2管需氧培养基、2管厌氧培养基、2管霉菌培养基中,另1管需氧培养基接1毫升金黄色葡萄球菌标准菌液作阳性对照。需氧培养基及厌氧培养基置37℃培养5天,霉菌培养基置(24±1)℃培养7天后观察结果。培养期间,应每日检查有无细菌生长。阳性对照在48小时内应有细菌生长。除阳性对照明显浑浊呈阳性结果外,若其余各管均无细菌或霉菌生长,呈阴性反应,表示该注射液无菌检验合格。

②澄明度检查:将上述香菇酊收集在一起,加入0.3%(W/W)的活性炭,煮沸10分钟进行脱色处理,然后过滤或离心,得澄清透明的滤液。冷却至室温后,加入0.2%的吐温80,充分搅匀,过滤得滤液。滤液加1.5%的苯甲醇,混匀,用10%氢氧化钠溶液调pH值至6.5左右,4℃~8℃冰箱静置过夜。再将药液用G4玻璃滤菌器除菌,得澄清透明的香菇多糖注射液。

按《中国药典》上的有关要求,取待检样品,在黑色背景,20瓦照明用荧光灯源下,用目检视。注射液不得有浑浊现象,不得有可见异物或不溶物存在为合格。按本方法制备的香菇多糖注射液经澄明度检查合格。

③溶血试验:从家兔的心脏或耳静脉采血,用装有数百粒玻璃珠的灭菌三角瓶盛血,摇动数分钟使之脱纤,然后用0.85%的灭菌盐水洗涤3次,离心取红细胞,用0.85%的灭菌盐水配成2%的红细胞悬液。取干净的10毫升试管4支,按配方(表10)分别加入各溶液,混匀后室温静置2小时观察结果。该香菇多糖注射液

0.3毫升以上不引起溶血,确定合格,可供临床使用。

香菇多糖制剂中多糖的组分及其含量,可用气相色谱仪分析测试。

表10　香菇多糖注射液溶血试验配方

试　管	1	2	3	4
香菇多糖注射液(毫升)	0.1	0.3	0.5	0.7
0.85%盐水(毫升)	2.4	2.2	2.0	1.8
2%红细胞悬液(毫升)	2.5	2.5	2.5	2.5

(4)异性蛋白试验　按动物异性蛋白试验方法,取6只健康豚鼠,雌者不得妊娠,体重应在300克左右,隔日皮下或腹腔注射香菇多糖注射液0.5毫升,连续3次后,将以上6只豚鼠平均分成2组,分别在第一次注射后的第十四天和第二十一天再进行静脉注射香菇多糖注射液1毫升,结果应为阴性。

虽然用上述方法制备的香菇多糖注射液,经成品质量检验合格,可供临床使用。但是,药品生产须严格遵守国家医药管理部门的有关法规送审报批。

思 考 题

1. 为什么要进行食用菌深加工?
2. 食用菌深加工与传统意义上的食用菌加工有什么区别?
3. 简述制作茯苓八珍糕的工艺流程及其技术要点。
4. 简述制作灵芝银耳美白润肤霜的工艺流程及其技术要点。
5. 简述制备香菇多糖注射液的工艺流程及其技术要点。

主要参考文献

1 陈一资.食品工艺导论.成都:四川大学出版社,2002
2 蒋冬花,许朝渊,张萍华等.3种保鲜剂对香菇保鲜效果[J].北京:食品科学,2004,25(9):194~197.
3 罗云波,蔡同一主编.园艺产品贮藏加工学(贮藏篇、加工篇).北京:中国农业大学出版社,2003
4 陆中华,陈俏彪.食用菌储藏与加工技术.北京:中国农业出版社,2004
5 刘超,徐宏青,王宏.双孢蘑菇辐照保鲜研究[J].合肥:安徽农业科学,2002,30(6):848~850
6 闵绍桓.食用菌生产机械与设备.上海:上海科技文献出版社,1991
7 谢宝贵,吕作舟,江玉姬.食用菌贮藏与加工实用技术.北京:中国农业出版社,1994
8 杨新美主编.食用菌研究法.北京:中国农业出版社,1998
9 叶蕙,陈建勋,余让才等.γ辐照对草菇保鲜及其生理机制的研究[J].北京:核农学报,2000,14(1):24~28
10 张树庭,P·G·Miles著.杨国良,张金霞等译.食用蕈菌及其栽培.保定:河北大学出版社,1992
11 赵晋府.食品工艺学.北京:轻工业出版社,1999
12 http//www.mushroommarker.net
13 http://spkx.chinajournal.net.cn

金盾版图书,科学实用,通俗易懂,物美价廉,欢迎选购

城郊农村如何发展食用菌业	6.50元
食用菌周年生产技术(修订版)	7.00元
食用菌制种技术	6.00元
高温食用菌栽培技术	5.50元
食用菌实用加工技术	6.50元
食用菌栽培与加工(第二版)	8.00元
食用菌丰产增收疑难问题解答	9.00元
食用菌设施生产技术100题	8.00元
怎样提高蘑菇种植效益	9.00元
蘑菇标准化生产技术	10.00元
怎样提高香菇种植效益	12.00元
灵芝与猴头菇高产栽培技术	3.00元
金针菇高产栽培技术	3.20元
平菇标准化生产技术	7.00元
平菇高产栽培技术(修订版)	7.50元
草菇高产栽培技术	3.00元
草菇袋栽新技术	7.00元
香菇速生高产栽培新技术(第二次修订版)	10.00元
中国香菇栽培新技术	9.00元
香菇标准化生产技术	7.00元
榆耳栽培技术	7.00元
花菇高产优质栽培及贮藏加工	6.50元
竹荪平菇金针菇猴头菌栽培技术问答(修订版)	7.50元
怎样提高茶薪菇种植效益	10.00元
珍稀食用菌高产栽培	4.00元
珍稀菇菌栽培与加工	20.00元
草生菇栽培技术	6.50元
茶树菇栽培技术	10.00元
白色双孢蘑菇栽培技术	6.50元
白灵菇人工栽培与加工	6.00元
白灵菇标准化生产技术	5.50元
杏鲍菇栽培与加工	6.00元
鸡腿菇高产栽培技术	9.00元
姬松茸栽培技术	6.50元
金福菇栽培技术	5.50元
金耳人工栽培技术	8.00元
黑木耳与银耳代料栽培速生高产新技术	5.50元
黑木耳与毛木耳高产栽培技术	5.00元
中国黑木耳银耳代料栽	

第十章 食用菌深加工技术

生素适量、水1 000毫升。

配方2：蛋白胨2克、酵母浸膏2克、磷酸二氢钾0.46克、磷酸氢钾1克、泻盐0.5克、葡萄糖20克、蒸馏水加至1 000毫升。

将配制好的培养基分装于三角瓶中，250毫升三角瓶每瓶装50～60毫升，500毫升三角瓶每瓶装100～120毫升，经0.1兆帕、121℃灭菌20～30分钟。晾至室温后，按无菌操作，接种经活化培养的香菇菌种。接种量为每支试管(18毫米×180毫米)菌种接种4～6瓶。接种后置恒温摇床(偏心距3～6厘米)避光培养。培养条件为(25 ± 1)℃，125～180转/分，4～6天。

摇瓶培养的菌种经均质化处理至菌丝团50～1 000微米，可减少菌种用量，缩短发酵罐培养周期，增加菌丝体产量。均质器、混合器、分散搅拌机、水果榨汁器或螺旋搅拌机等，是菌种均质化的常用工具。使用任何工具进行菌种均质化处理，都必须严格无菌操作，以免菌种受污染，造成失败而倒罐。

③发酵罐培养：

培养基配方：每升培养基内含玉米粉40克、黄豆粉15克、葡萄糖10克、氯化钙0.1克、硫酸镁0.5克、硫胺素(维生素B_1)100微克。

发酵罐培养时，先将有关设备及培养基经高压蒸汽灭菌(0.11兆帕，121℃，30分钟)，晾至室温后接入摇瓶种子，接种量一般为10%V/V）。发酵的罐温(25 ± 1)℃，罐压50千帕，通气量1∶0.3～0.5 V/V/分，搅拌150转/分，发酵周期120～150小时。

放罐标准：发酵醪为淡黄色，具有典型的鲜香菇香味，无杂菌污染，菌丝球直径1～2毫米，且菌丝球充满发酵液。

(2)香菇多糖注射液制备

①工艺流程：制备香菇多糖注射液的工艺流程如图13所示。

②技术要点：

乙醇浸提：将放罐的发酵醪先过滤，得滤渣(菌丝球)，用组织

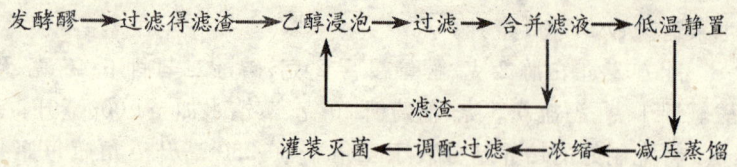

图 13　制备香菇多糖注射液的工艺流程

捣碎机或均质器使菌丝球破碎成菌丝片段,加 10 倍于菌丝体体积的 95% 的乙醇,60℃ 保温浸泡 24 小时,并经常搅动。用细绸布过滤,或 2 500 转/分,10 分钟,离心得滤液。再加滤渣 8 倍体积的 85% 的乙醇,按上述方法得滤液。再加 6 倍于滤渣体积的 75% 的乙醇,用同样的方法得滤液。将 3 次滤液合并,置 4℃~8℃ 冰箱或冷库中过夜。

浓缩处理:将低温静置处理的滤液,减压蒸馏回收乙醇,蒸馏温度 60℃ 左右。再将蒸馏过的滤液放在搪瓷盘中,置电热鼓风干燥箱中,加温(70℃~80℃)浓缩至黏稠状,制成 50% 左右的香菇多糖乙醇溶液(香菇酊)。

调配过滤:将上述香菇酊收集在一起,加入 0.3%(W/W)的活性炭,煮沸 10 分钟进行脱色处理,然后过滤或离心,得澄清透明的滤液。冷却至室温后,加入 0.2% 的吐温 80,充分搅匀,过滤得滤液。滤液加 1.5% 的苯甲醇,混匀,用 10% 氢氧化钠溶液调 pH 值至 6.5 左右,4℃~8℃ 冰箱静置过夜。再将药液用 G4 玻璃滤菌器除菌,得澄清透明的香菇多糖注射液。

灌装灭菌:将安瓿瓶冲洗干净,蒸馏水煮沸消毒 30 分钟,甩干水分,装在大饭盒内干热灭菌 180℃,2 小时。再将除菌药液分装在安瓿瓶中,立即在喷灯上封口,100℃ 流动蒸汽灭菌 30 分钟,即成香菇多糖注射液成品。

生产中,也可用干香菇粉碎过 60 目筛得菇粉,替代发酵罐培养的菌丝体浸提香菇多糖,制备香菇多糖注射液或香菇多糖胶囊。

第十章 食用菌深加工技术

(3)质量检验方法

①无菌检验:按《中国药典》有关无菌检查章节,配制供需氧菌检查用的需氧培养基,供厌氧菌检查用的厌氧培养基,以及供霉菌检查用的霉菌培养基。各培养基每支试管分装量为15毫升。检查工作在无菌条件下进行。任取2支注射液安瓿,用75%的酒精浸泡3分钟后,用灭菌脱脂棉球擦干酒精,在酒精灯火焰上打开安瓿,用灭菌注射器取待检试液0.5毫升,分别接入2管需氧培养基、2管厌氧培养基、2管霉菌培养基中,另1管需氧培养基接1毫升金黄色葡萄球菌标准菌液作阳性对照。需氧培养基及厌氧培养基置37℃培养5天,霉菌培养基置(24±1)℃培养7天后观察结果。培养期间,应每日检查有无细菌生长。阳性对照在48小时内应有细菌生长。除阳性对照明显浑浊呈阳性结果外,若其余各管均无细菌或霉菌生长,呈阴性反应,表示该注射液无菌检验合格。

②澄明度检查:将上述香菇酊收集在一起,加入0.3%(W/W)的活性炭,煮沸10分钟进行脱色处理,然后过滤或离心,得澄清透明的滤液。冷却至室温后,加入0.2%的吐温80,充分搅匀,过滤得滤液。滤液加1.5%的苯甲醇,混匀,用10%氢氧化钠溶液调pH值至6.5左右,4℃~8℃冰箱静置过夜。再将药液用G4玻璃滤菌器除菌,得澄清透明的香菇多糖注射液。

按《中国药典》上的有关要求,取待检样品,在黑色背景,20瓦照明用荧光灯源下,用目检视。注射液不得有浑浊现象,不得有可见异物或不溶物存在为合格。按本方法制备的香菇多糖注射液经澄明度检查合格。

③溶血试验:从家兔的心脏或耳静脉采血,用装有数百粒玻璃珠的灭菌三角瓶盛血,摇动数分钟使之脱纤,然后用0.85%的灭菌盐水洗涤3次,离心取红细胞,用0.85%的灭菌盐水配成2%的红细胞悬液。取干净的10毫升试管4支,按配方(表10)分别加入各溶液,混匀后室温静置2小时观察结果。该香菇多糖注射液

0.3毫升以上不引起溶血,确定合格,可供临床使用。

香菇多糖制剂中多糖的组分及其含量,可用气相色谱仪分析测试。

表10　香菇多糖注射液溶血试验配方

试　管	1	2	3	4
香菇多糖注射液(毫升)	0.1	0.3	0.5	0.7
0.85%盐水(毫升)	2.4	2.2	2.0	1.8
2%红细胞悬液(毫升)	2.5	2.5	2.5	2.5

(4)异性蛋白试验　按动物异性蛋白试验方法,取6只健康豚鼠,雌者不得妊娠,体重应在300克左右,隔日皮下或腹腔注射香菇多糖注射液0.5毫升,连续3次后,将以上6只豚鼠平均分成2组,分别在第一次注射后的第十四天和第二十一天再进行静脉注射香菇多糖注射液1毫升,结果应为阴性。

虽然用上述方法制备的香菇多糖注射液,经成品质量检验合格,可供临床使用。但是,药品生产须严格遵守国家医药管理部门的有关法规送审报批。

思　考　题

1. 为什么要进行食用菌深加工?
2. 食用菌深加工与传统意义上的食用菌加工有什么区别?
3. 简述制作茯苓八珍糕的工艺流程及其技术要点。
4. 简述制作灵芝银耳美白润肤霜的工艺流程及其技术要点。
5. 简述制备香菇多糖注射液的工艺流程及其技术要点。

主要参考文献

1 陈一资．食品工艺导论．成都：四川大学出版社，2002
2 蒋冬花，许朝渊，张萍华等．3种保鲜剂对香菇保鲜效果[J]．北京：食品科学，2004，25(9)：194～197．
3 罗云波，蔡同一主编．园艺产品贮藏加工学（贮藏篇、加工篇）．北京：中国农业大学出版社，2003
4 陆中华，陈俏彪．食用菌储藏与加工技术．北京：中国农业出版社，2004
5 刘超，徐宏青，王宏．双孢蘑菇辐照保鲜研究[J]．合肥：安徽农业科学，2002，30(6)：848～850
6 闵绍桓．食用菌生产机械与设备．上海：上海科技文献出版社，1991
7 谢宝贵，吕作舟，江玉姬．食用菌贮藏与加工实用技术．北京：中国农业出版社，1994
8 杨新美主编．食用菌研究法．北京：中国农业出版社，1998
9 叶蕙，陈建勋，余让才等．γ辐照对草菇保鲜及其生理机制的研究[J]．北京：核农学报，2000，14(1)：24～28
10 张树庭，P·G·Miles著．杨国良，张金霞等译．食用蕈菌及其栽培．保定：河北大学出版社，1992
11 赵晋府．食品工艺学．北京：轻工业出版社，1999
12 http//www.mushroommarker.net
13 http://spkx.chinajournal.net.cn

金盾版图书,科学实用,
通俗易懂,物美价廉,欢迎选购

城郊农村如何发展食用菌业	6.50元	中国香菇栽培新技术	9.00元
食用菌周年生产技术(修订版)	7.00元	香菇标准化生产技术	7.00元
食用菌制种技术	6.00元	榆耳栽培技术	7.00元
高温食用菌栽培技术	5.50元	花菇高产优质栽培及贮藏加工	6.50元
食用菌实用加工技术	6.50元	竹荪平菇金针菇猴头菌栽培技术问答(修订版)	7.50元
食用菌栽培与加工(第二版)	8.00元	怎样提高茶薪菇种植效益	10.00元
食用菌丰产增收疑难问题解答	9.00元	珍稀食用菌高产栽培	4.00元
食用菌设施生产技术100题	8.00元	珍稀菇菌栽培与加工	20.00元
怎样提高蘑菇种植效益	9.00元	草生菇栽培技术	6.50元
蘑菇标准化生产技术	10.00元	茶树菇栽培技术	10.00元
怎样提高香菇种植效益	12.00元	白色双孢蘑菇栽培技术	6.50元
灵芝与猴头菇高产栽培技术	3.00元	白灵菇人工栽培与加工	6.00元
金针菇高产栽培技术	3.20元	白灵菇标准化生产技术	5.50元
平菇标准化生产技术	7.00元	杏鲍菇栽培与加工	6.00元
平菇高产栽培技术(修订版)	7.50元	鸡腿菇高产栽培技术	9.00元
草菇高产栽培技术	3.00元	姬松茸栽培技术	6.50元
草菇袋栽新技术	7.00元	金福菇栽培技术	5.50元
香菇速生高产栽培新技术(第二次修订版)	10.00元	金耳人工栽培技术	8.00元
		黑木耳与银耳代料栽速生高产新技术	5.50元
		黑木耳与毛木耳高产栽培技术	5.00元
		中国黑木耳银耳代料栽	

书名	价格	书名	价格
培与加工	17.00元	图说滑菇高效栽培关键技术	10.00元
黑木耳代料栽培致富——黑龙江省林口县林口镇	8.00元	滑菇标准化生产技术	6.00元
		新编食用菌病虫害防治技术	5.50元
致富一乡的双孢蘑菇产业——福建省龙海市角美镇	7.00元	15种名贵药用真菌栽培实用技术	6.00元
黑木耳标准化生产技术	7.00元	地下害虫防治	6.50元
食用菌病虫害防治	6.00元	怎样种好菜园（新编北方本修订版）	14.50元
食用菌科学栽培指南	26.00元		
食用菌栽培手册（修订版）	19.50元	怎样种好菜园（南方本第二次修订版）	8.50元
食用菌高效栽培教材	5.00元	菜田农药安全合理使用150题	7.00元
图说鸡腿蘑高效栽培关键技术	10.50元	露地蔬菜高效栽培模式	7.00元
图说毛木耳高效栽培关键技术	10.50元	图说蔬菜嫁接育苗技术	14.00元
		蔬菜生产手册	11.50元
图说黑木耳高效栽培关键技术	13.00元	蔬菜栽培实用技术	20.50元
		蔬菜生产实用新技术	17.00元
图说金针菇高效栽培关键技术	8.50元	蔬菜嫁接栽培实用技术	10.00元
		蔬菜无土栽培技术操作规程	6.00元
图说食用菌制种关键技术	9.00元	蔬菜调控与保鲜实用技术	18.50元
图说灵芝高效栽培关键技术	10.50元	蔬菜科学施肥	9.00元
图说香菇花菇高效栽培关键技术	10.00元	城郊农村如何发展蔬菜业	6.50元
图说双孢蘑菇高效栽培关键技术	12.00元	种菜关键技术121题	13.00元
		菜田除草新技术	7.00元
图说平菇高效栽培关键技术	13.00元	蔬菜无土栽培新技术（修订版）	11.00元

书名	价格	书名	价格
无公害蔬菜栽培新技术	7.50元	瓜类豆类蔬菜施肥技术	6.50元
夏季绿叶蔬菜栽培技术	4.60元	瓜类蔬菜保护地嫁接栽培配套技术120题	6.50元
四季叶菜生产技术160题	7.00元	菜用豆类栽培	3.80元
蔬菜配方施肥120题	6.50元	食用豆类种植技术	19.00元
绿叶蔬菜保护地栽培	4.50元	豆类蔬菜良种引种指导	11.00元
绿叶菜周年生产技术	12.00元	豆类蔬菜栽培技术	9.50元
绿叶菜类蔬菜病虫害诊断与防治原色图谱	20.50元	豆类蔬菜周年生产技术	10.00元
绿叶菜类蔬菜良种引种指导	10.00元	豆类蔬菜病虫害诊断与防治原色图谱	24.00元
绿叶菜病虫害及防治原色图册	16.00元	日光温室蔬菜根结线虫防治技术	4.00元
根菜类蔬菜周年生产技术	8.00元	南方豆类蔬菜反季节栽培	7.00元
绿叶菜类蔬菜制种技术	5.50元	菜豆豇豆荷兰豆保护地栽培	5.00元
蔬菜高产良种	4.80元	图说温室菜豆高效栽培关键技术	9.50元
根菜类蔬菜良种引种指导	13.00元	黄花菜扁豆栽培技术	6.50元
新编蔬菜优质高产良种	12.50元	番茄辣椒茄子良种	8.50元
名特优瓜菜新品种及栽培	22.00元	蔬菜施肥技术问答（修订版）	5.50元
稀特菜制种技术	5.50元	现代蔬菜灌溉技术	7.00元
蔬菜育苗技术	4.00元	温室种菜难题解答（修订版）	10.50元
瓜类豆类蔬菜良种	7.00元		

以上图书由全国各地新华书店经销。凡向本社邮购图书或音像制品，可通过邮局汇款，在汇单"附言"栏填写所购书目，邮购图书均可享受9折优惠。购书30元（按打折后实款计算）以上的免收邮挂费，购书不足30元的按邮局资费标准收取3元挂号费，邮寄费由我社承担。邮购地址：北京市丰台区晓月中路29号，邮政编码：100072，联系人：金友，电话：（010）83210681、83210682、83219215、83219217(传真)。